안 쌤의

STEAM
+ 창의사고력
과학 100제

초등 6학년

시대에듀

안쌤의

STEAM
+ 창의사고력
과학 100제

초등 **6**학년

안쌤
영재교육연구소

안쌤 영재교육연구소 학습 자료실
샘플 강의와 정오표 등 여러 가지 학습 자료를 확인하세요~!

이 책을 펴내며

초등학교 과정에서 과학은 수학과 영어에 비해 관심을 적게 받기 때문에 과학을 전문으로 가르치는 학원도 적고 강의 또한 많이 개설되지 않는다. 이런 상황에서 과학은 어렵고, 배우기 힘든 과목이 되어가고 있다. 특히, 수도권을 제외한 지역에서 양질의 과학 교육을 받는 것은 매우 힘든 일임이 분명하다. 그래서 지역에 상관없이 전국의 학생들이 질 좋은 과학 수업을 받을 수 있도록 창의사고력 과학 특강을 실시간 강의로 진행하게 되었고, '안쌤 영재교육연구소' 카페를 통해 강의를 진행하면서 많은 학생이 과학에 대한 흥미와 재미를 더해가는 모습을 보게 되었다. 더불어 20년이 넘는 시간 동안 많은 학생이 영재교육원에 합격하는 모습을 지켜볼 수 있는 영광을 얻기도 했다.

영재교육원 시험에 출제되는 창의사고력 과학 문제들은 대부분 실생활에서 볼 수 있는 현상을 과학적으로 '어떻게 설명할 수 있는지', '왜 그런 현상이 일어나는지', '어떻게 하면 그런 현상을 없앨 수 있는지' 등의 다양한 접근을 통해 해결해야 한다. 이러한 과정을 통해 창의사고력을 키울 수 있고, 문제해결력을 향상시킬 수 있다. 직접 배우고 가르치는 과정 속에서 과학은 세상을 살아가는 데 매우 중요한 학문이며, 꼭 어렸을 때부터 배워야 하는 과목이라는 것을 알게 되었다. 과학을 통해 창의사고력과 문제해결력이 향상된다면 학생들은 어려운 문제나 상황에 부딪혔을 때 포기하지 않을 것이며, 그 문제나 상황이 발생된 원인을 찾고 분석하여 해결하려고 노력할 것이다. 이처럼 과학은 공부뿐만 아니라 인생을 살아가는 데 있어 매우 중요한 역할을 한다.

이에 시대에듀와 함께 다년간의 강의와 집필 과정에서의 노하우를 담은 『안쌤의 STEAM + 창의사고력 과학 100제』 시리즈를 집필하여 영재교육원을 대비하는 대표 교재를 출간하고자 한다. 이 교재는 어렵게 생각할 수 있는 과학 문제에 재미있는 그림을 연결하여 흥미를 유발했고, 과학 기사와 실전 문제를 융합한 '창의사고력 실력다지기' 문제를 구성했다. 마지막으로 실제 시험 유형을 확인할 수 있도록 영재교육원 기출문제를 정리해 수록했다.

이 교재와 안쌤 영재교육연구소 카페의 다양한 정보를 통해 많은 학생들이 과학에 더 큰 관심을 갖고, 자신의 꿈을 키우기 위해 노력하며 행복하게 살아가길 바란다.

안쌤 영재교육연구소 대표 안재범

영재교육원에 대해 궁금해하는 Q&A

영재교육원 대비로 가장 많이 문의하는 궁금증 리스트와 안쌤의 속~ 시원한 답변 시리즈

No.1 안쌤이 생각하는 대학부설 영재교육원과 교육청 영재교육원의 차이점

Q 어느 영재교육원이 더 좋나요?

A 대학부설 영재교육원이 대부분 더 좋다고 할 수 있습니다. 대학부설 영재교육원은 대학 교수님 주관으로 진행하고, 교육청 영재교육원은 영재 담당 선생님이 진행합니다. 교육청 영재교육원은 기본 과정, 대학부설 영재교육원은 심화 과정, 사사 과정을 담당합니다.

Q 어느 영재교육원이 들어가기 쉽나요?

A 대부분 대학부설 영재교육원이 더 합격하기 어렵습니다. 대학부설 영재교육원은 9~11월, 교육청 영재교육원은 11~12월에 선발합니다. 먼저 선발하는 대학부설 영재교육원에 대부분의 학생들이 지원하고 상대평가로 합격이 결정되므로 경쟁률이 높고 합격하기 어렵습니다.

Q 선발 요강은 어떻게 다른가요?

A

대학부설 영재교육원은 대학마다 다양한 유형으로 진행이 됩니다.	교육청 영재교육원은 지역마다 다양한 유형으로 진행이 됩니다.
1단계 서류 전형으로 자기소개서, 영재성 입증자료 2단계 지필평가 (창의적 문제해결력 평가(검사), 영재성판별검사, 창의력검사 등) 3단계 심층면접(캠프전형, 토론면접 등) ※ 지원하고자 하는 대학부설 영재교육원 요강을 꼭 확인해 주세요.	GED 지원단계 자기보고서 포함 여부 1단계 지필평가 (창의적 문제해결력 평가(검사), 영재성검사 등) 2단계 면접 평가(심층면접, 토론면접 등) ※ 지원하고자 하는 교육청 영재교육원 요강을 꼭 확인해 주세요.

No.2 교재 선택의 기준

Q 현재 4학년이면 어떤 교재를 봐야 하나요?

A 교육청 영재교육원은 선행 문제를 낼 수 없기 때문에 현재 학년에 맞는 교재를 선택하시면 됩니다.

Q 현재 6학년인데, 중등 영재교육원에 지원합니다. 중등 선행을 해야 하나요?

A 현재 6학년이면 6학년과 관련된 문제가 출제됩니다. 중등 영재교육원이라 하는 이유는 올해 합격하면 내년에 중학교 1학년이 되어 영재교육원을 다니기 때문입니다.

Q 대학부설 영재교육원은 수준이 다른가요?

A 대학부설 영재교육원은 대학마다 다르지만 1~2개 학년을 더 공부하는 것이 유리합니다.

No.3 지필평가 유형 안내

Q 영재성검사와 창의적 문제해결력 검사는 어떻게 다른가요?

A 과거

```
   영재성                학문적성              창의적
    검사                   검사            문제해결력
                                              검사

 언어창의성                              수학창의성
 수학창의성      +      수학사고력    =   수학사고력
 수학사고력            과학사고력        과학창의성
 과학창의성            창의사고력        과학사고력
 과학사고력                              융합사고력
```

현재

```
   영재성                창의적
    검사               문제해결력
                         검사

 일반창의성            수학창의성
 수학창의성            수학사고력
 수학사고력            과학창의성
 과학창의성            과학사고력
 과학사고력            융합사고력
```

지역마다 실시하는 시험이 다릅니다.
서울: 창의적 문제해결력 검사
부산: 창의적 문제해결력 검사(영재성검사＋학문적성검사)
대구: 창의적 문제해결력 검사
대전＋경남＋울산: 영재성검사, 창의적 문제해결력 검사

No.4 영재교육원 대비 파이널 공부 방법

Step1 자기인식

자가 채점으로 현재 자신의 실력을 확인해 주세요. 남은 기간 동안 효율적으로 준비하기 위해서는 현재 자신의 실력을 확인해야 합니다.
기간이 많이 남지 않았다면 빨리 지필평가에 맞는 교재를 준비해 주세요.

Step2 답안 작성 연습

지필평가 대비로 가장 중요한 부분은 답안 작성 연습입니다. 모든 문제가 서술형이라서 아무리 많이 알고 있고, 답을 알더라도 답안을
제대로 작성하지 않으면 점수를 잘 받을 수 없습니다. 꼭 답안 쓰는 연습을 해 주세요. 자가 채점이 많은 도움이 됩니다.

안쌤이 생각하는
자기주도형 과학 학습법

변화하는 교육정책에 흔들리지 않는 것이 자기주도형 학습법이 아닐까?
입시 제도가 변해도 제대로 된 학습을 한다면 자신의 꿈을 이루는 데 걸림돌이 되지 않는다!

독서 ▶ 동기 부여 ▶ 공부 스타일로
공부하기 위한 기본적인 환경을 만들어야 한다.

1단계 독서

'빈익빈 부익부'라는 말은 지식에도 적용된다. 기본적인 정보가 부족하면 새로운 정보도 의미가 없지만, 기본적인 정보가 많으면 새로운 정보를 의미 있는 정보로 만들 수 있고, 기본적인 정보와 연결해 추가적인 정보(응용 · 창의)까지 쌓을 수 있다. 그렇기 때문에 먼저 기본적인 지식을 쌓지 않으면 아무리 열심히 공부해도 과학 과목에서 높은 점수를 받기 어렵다. 기본적인 지식을 많이 쌓는 방법으로는 독서와 다양한 경험이 있다. 그래서 입시에서 독서 이력과 창의적 체험활동(www.neis.go.kr)을 보는 것이다.

2단계 동기 부여

인간은 본인의 의지로 선택한 일에 책임감이 더 강해지므로 스스로 적성을 찾고 장래를 선택하는 것이 가장 좋다. 스스로 적성을 찾는 방법은 여러 종류의 책을 읽어서 자기가 좋아하는 관심 분야를 찾는 것이다. 자기가 원하는 분야에 관심을 갖고 기본 지식을 쌓다 보면, 쌓인 기본 지식이 학습과 연관되면서 공부에 흥미가 생겨 점차 꿈을 이루어 나갈 수 있다. 꿈과 미래가 없이 막연하게 공부만 하면 두뇌의 반응이 약해진다. 그래서 시험 때까지만 기억하면 그만이라고 생각하는 단순 정보는 시험이 끝나는 순간 잊어버린다. 반면 중요하다고 여긴 정보는 두뇌를 강하게 자극해 오래 기억된다. 살아가는 데 꿈을 통한 동기 부여는 학습법 자체보다 더 중요하다고 할 수 있다.

3단계 공부 스타일

공부하는 스타일은 학생마다 다르다. 예를 들면, '익숙한 것을 먼저 하고 익숙하지 않은 것을 나중에 하기', '쉬운 것을 먼저 하고 어려운 것을 나중에 하기', '좋아하는 것을 먼저 하고, 싫어하는 것을 나중에 하기' 등 다양한 방법으로 공부를 하다 보면 자신에게 맞는 공부 스타일을 찾을 수 있다. 자신만의 방법으로 공부를 하면 성취감을 느끼기 쉽고, 어떤 일이든지 자신 있게 해낼 수 있다.

어느 정도 기본적인 환경을 만들었다면
이해 - 기억 - 복습의 자기주도형 3단계 학습법으로
창의적 문제해결력을 키우자.

1단계 　이해

단원의 전체 내용을 쭉 읽어본 뒤, 개념 확인 문제를 풀면서 중요 개념을 확인해 전체적인 흐름을 잡고 내용 간의 연계(마인드맵 활용)를 만들어 전체적인 내용을 이해한다.

개념을 오래 고민하고 깊이 이해하려 하는 습관은 스스로에게 질문하는 것에서 시작된다.

[이게 무슨 뜻일까? / 이건 왜 이렇게 될까? / 이 둘은 뭐가 다르고, 뭐가 같을까? / 왜 그럴까?]

막히는 문제가 있으면 먼저 머릿속으로 생각하고, 끝까지 이해가 안 되면 답지를 보고 해결한다. 그래도 모르겠으면 여러 방면 (관련 도서, 인터넷 검색 등)으로 이해될 때까지 찾아보고, 그럼에도 이해가 안 된다면 선생님께 여쭤 보라. 이런 과정을 통해서 스스로 문제를 해결하는 능력이 키워진다.

2단계 　기억

암기해야 하는 부분은 의미 관계를 중심으로 분류해 전체 내용을 조직한 후 자신의 성격이나 환경에 맞는 방법, 즉 자신만의 공부 스타일로 공부한다. 이때 노력과 반복이 아닌 흥미와 관심으로 시작하는 것이 중요하다. 그러나 흥미와 관심만으로는 힘들 수 있기 때문에 단원과 관련된 과학 개념이 사회 현상이나 기술을 설명하기 위해 어떻게 활용되고 있는지를 알아보면서 자연스 럽게 다가가는 것이 좋다.

그리고 개념 이해를 요구하는 단원은 기억 단계를 필요로 하지 않기 때문에 이해 단계에서 바로 복습 단계로 넘어가면 된다.

3단계 　복습

과학에서의 복습은 여러 유형의 문제를 풀어 보는 것이다. 이렇게 할 때 교과서에 나온 개념과 원리를 제대로 이해할 수 있을 것이다. 기본 교재(내신 교재)의 문제와 심화 교재(창의사고력 교재)의 문제를 풀면서 문제해결력과 창의성을 키우는 연습을 한 다면 과학에서 좋은 점수를 받을 수 있을 것이다.

마지막으로 과목에 대한 흥미를 바탕으로 정서적으로 안정적인 상태에서 낙관적인 태도로 자신감 있게 공부하는 것이 가장 중요하다.

안쌤 영재교육연구소 대표 **안 재 범**

안쌤이 생각하는
영재교육원 대비 전략

1. 학교 생활 관리: 담임교사 추천, 학교장 추천을 받기 위한 기본적인 관리

- 교내 각종 대회 대비 및 창의적 체험활동(www.neis.go.kr) 관리
- 독서 이력 관리: 교육부 독서교육종합지원시스템 운영

2. 흥미 유발과 사고력 향상: 학습에 대한 흥미와 관심을 유발

- 퍼즐 형태의 문제로 흥미와 관심 유발
- 문제를 해결하는 과정에서 집중력과 두뇌 회전력, 사고력 향상

▲ 안쌤의 사고력 수학 퍼즐 시리즈 (총 14종)

3. 교과 선행: 학생의 학습 속도에 맞춰 진행

- '교과 개념 교재 ➡ 심화 교재'의 순서로 진행
- 현행에 머물러 있는 것보다 학생의 학습 속도에 맞는 선행 추천

4. 수학, 과학 과목별 학습

- 수학, 과학의 개념을 이해할 수 있는 문제해결

▲ 안쌤의 STEAM + 창의사고력
　　수학 100제 시리즈
　　(초등 1, 2, 3, 4, 5, 6학년)

▲ 안쌤의 STEAM + 창의사고력
　　과학 100제 시리즈
　　(초등 1, 2, 3, 4, 5, 6학년)

5. 융합사고력 향상

- 융합사고력을 향상시킬 수 있는 문제해결로 구성

◀ 안쌤의 수·과학 융합 특강

6. 지원 가능한 영재교육원 모집 요강 확인

- 지원 가능한 영재교육원 모집 요강을 확인하고 지원 분야와 전형 일정 확인
- 지역마다 학년별 지원 분야가 다를 수 있음

7. 지필평가 대비

- 평가 유형에 맞는 교재 선택과 서술형 답안 작성 연습 필수

▲ 영재성검사 창의적 문제해결력
모의고사 시리즈
(초등 3~4, 5~6, 중등 1~2학년)

▲ SW 정보영재 영재성검사
창의적 문제해결력 모의고사 시리즈
(초등 3~4, 초등 5~중등 1학년)

8. 탐구보고서 대비

- 탐구보고서 제출 영재교육원 대비

◀ 안쌤의 신박한 과학 탐구보고서

9. 면접 기출문제로 연습 필수

- 면접 기출문제와 예상문제에 자신
만의 답변을 글로 정리하고, 말로
표현하는 연습 필수

◀ 안쌤과 함께하는 영재교육원 면접 특강

안쌤 영재교육연구소
수학·과학 학습 진단 검사

수학·과학 학습 진단 검사란?

수학·과학 교과 학년이 완료되었을 때 개념이해력, 개념응용력, 창의력, 수학사고력, 과학탐구력, 융합사고력 부분의 학습이 잘 되었는지 진단하는 검사입니다.

영재교육원 대비를 생각하시는 학부모님과 학생들을 위해, 수학·과학 학습 진단 검사를 통해 영재교육원 대비 커리큘럼을 만들어 드립니다.

검사지 구성

과학 13문항	• 다답형 객관식 8문항 • 창의력 2문항 • 탐구력 2문항 • 융합사고력 1문항	
수학 20문항	• 수와 연산 4문항 • 도형 4문항 • 측정 4문항 • 확률/통계 4문항 • 규칙/문제해결 4문항	

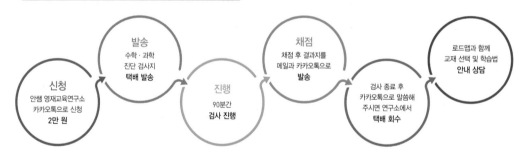

수학·과학 학습 진단 검사 진행 프로세스

신청
안쌤 영재교육연구소
카카오톡으로 신청
2만 원

발송
수학·과학
진단 검사지
택배 발송

진행
90분간
검사 진행

채점
채점 후 결과지를
메일과 카카오톡으로
발송

검사 종료 후
카카오톡으로 말씀해
주시면 연구소에서
택배 회수

로드맵과 함께
교재 선택 및 학습법
안내 상담

수학·과학 학습 진단 학년 선택 방법

----- YES
----- NO

현재 초등학생인가요?

수학·과학 교과 학습을
몇 학년까지 했나요?

중학교 1학년이고 고교 진로 결정을
위한 진단 검사를 원하시나요?

~초 3 1학기	초 3 2학기~ 초 4 1학기	초 4 2학기~ 초 5 1학기	초 5 2학기~ 초 6 1학기	초 6 2학기~ 중 1 2학기	중학교 2학년부터는 검사지가 없습니다.
수학·과학 1~2학년	수학·과학 3학년	수학·과학 4학년	수학·과학 5학년	수학·과학 6학년	

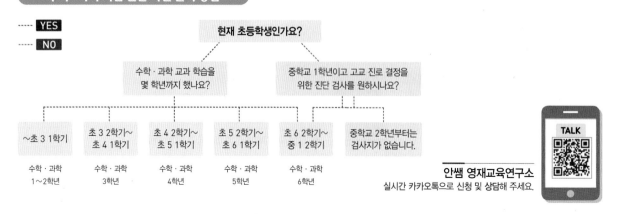

TALK

안쌤 영재교육연구소
실시간 카카오톡으로 신청 및 상담해 주세요.

이 책의 구성과 특징

· 창의사고력 실력다지기 ·

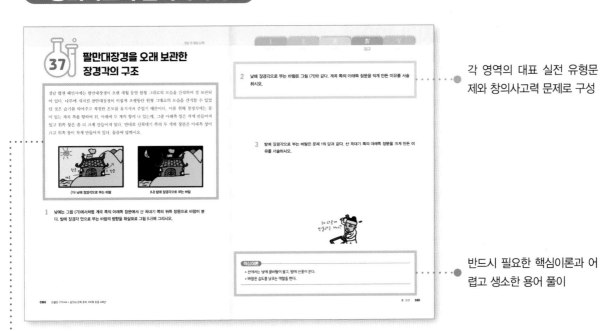

각 영역의 대표 실전 유형문제와 창의사고력 문제로 구성

반드시 필요한 핵심이론과 어렵고 생소한 용어 풀이

실생활에서 접할 수 있는 이야기, 실험, 신문기사 등을 이용해 흥미 유발

· 영재성검사 창의적 문제해결력 평가 기출문제 ·

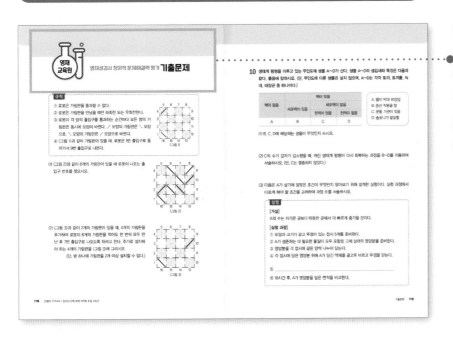

- 교육청 · 대학 · 과학고 부설 영재교육원 영재성검사, 창의적 문제해결력 평가 최신 기출문제 수록
- 영재교육원 선발 시험의 문제 유형과 출제 경향 예측

이 책의 차례

I

에너지

바닷물이 파랑게 보이는 이유

바다와 관련된 과학 도서를 읽고 있던 자원이는 여러 가지 의문이 생겼다. 물음에 답하시오.

1 바닷물은 파랑게 보이지만 떠다 놓고 보면 보통 수돗물처럼 투명하다. 투명한 바닷물이 왜 파랑 게 보이는지 서술하시오.

2 잠수부가 수중에서 호흡하는 공기의 성분 중 산소는 인체의 신진대사로 소모된다. 하지만 질소는 높은 수압 상태에서 배출되지 못하고 혈액에 녹아 혈관과 조직에 침입해 들어가게 되고, 수면으로 상승할 때 기체가 되어 폐로 배출된다. 그런데 상승속도를 빠르게 하면 몸이 받는 수압이 갑자기 낮아지므로 혈액 속에 녹아 있는 질소 기체들이 폐를 통해 순차적으로 빠져 나가지 못해 마치 콜라의 병마개를 열었을 때처럼 몸속에 거품이 생기는 현상이 일어난다. 이때 혈관 속에 질소가 기포로 남아 혈액의 흐름을 막아 손발의 마비, 질식, 호흡곤란 등을 일으키는데 이를 잠수병이라고 한다. 잠수병에 걸리면 어떻게 치료할 수 있는지 서술하시오.

핵심이론

▶ 신진대사: 동식물이 살기 위하여 기본적으로 필요로 하는 모든 활동

▶ 수압: 물이 모든 방향에서 누르는 힘

바늘구멍 사진기로 보는 상

바늘구멍 사진기에 빛나는 물체를 향하게 하면 그림 (가)와 같이 물체의 모습이 기름종이에 나타난다. 영희가 물체 A, B를 바늘구멍 사진기 앞에 두었더니 그림 (나)와 같이 되었다. 물음에 답하시오.

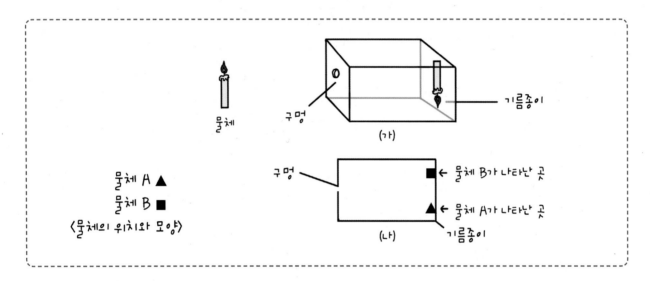

1 다음 그림과 같이 바늘구멍 사진기를 고정시키고 물체 A와 B를 화살표 방향으로 이동하면 물체의 위치와 모습이 어느 곳에서 어떻게 보이는지 그리시오.

2 물체 A를 바늘구멍 사진기와 점점 멀리한다면 물체 A의 상의 크기는 어떻게 되는지 서술하시오.

3 바늘구멍 사진기의 구멍을 좀 더 크게 한다면 상은 어떻게 변하는지 서술하시오.

핵심이론

▶ 상: 광원에서 비치는 빛이 거울이나 렌즈에 의해 반사하거나 굴절한 뒤에 다시 모여서 생긴 원래의 발광 물체의 형상으로, 스크린 위에 비추어 낼 수 있는 실상과 비출 수 없는 허상의 두 가지가 있다.

하늘이 파랗게 보이는 이유

자연을 통해 우리는 과학의 원리를 배울 수 있다. 물음에 답하시오.

1 맑은 날 하늘에 떠 있는 구름의 색깔이 흰색으로 보이는 이유를 서술하시오.

2 구름이 없는 하늘을 보면 파랗다. 그렇게 보이는 이유를 서술하시오.

3 저녁에 하늘을 보면 붉게 물든 저녁놀을 보면서 자연의 신비를 느낄 수 있다. 이러한 자연현상이 일어나는 이유를 서술하시오.

핵심이론

▶ 구름: 공기중의 수분이 엉기어서 미세한 물방울이나 얼음 결정의 덩어리가 되어 공중에 떠 있는 것

▶ 저녁놀: '저녁노을'의 준말

▶ 노을: 해가 뜨거나 질 무렵에, 하늘이 햇빛에 물들어 벌겋게 보이는 현상

04 사막에 신기루가 생기는 이유

민호는 재미있는 과학 도서를 읽으면서 다음과 같은 의문이 생겼다. 물음에 답하시오.

1 바닷물은 보통 파랗게 보이는데, 봄철이 되면 영양염류가 많은 연안의 바닷물은 초록색으로 보인다. 그 이유를 서술하시오.

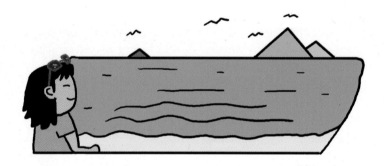

2 사막에서 여행을 하면 신기루를 볼 수 있다고 한다. 신기루는 어떻게 생기는 것인지 그 원리를 서술하시오.

3 광학 현미경에서 작은 물체를 관찰하는 데 파란 불빛을 사용한다고 한다. 빨간 불빛을 사용하면
안 되는 것일까? 그 이유를 서술하시오.

핵심이론

▸ 영양염류: 생물의 정상적인 생육에 필요한 염류

▸ 신기루: 대기 속에서 빛의 굴절 현상에 의해 공중이나 땅 위에 무엇이 있는 것처럼 보이는 현상

▸ 광학 현미경: 빛의 굴절을 이용하여 생물의 조직이나 미세한 세균 등을 확대하여 관찰하는 장치로, 유리로 만든 대
물렌즈와 접안렌즈를 쓴다.

빛을 한 점으로 모으는 볼록렌즈

볼록렌즈에 평행하게 들어오는 광선들은 한 점에서 모이는데, 이 점을 초점이라 한다. 물음에 답하시오.

1 연필 끝에서 출발한 세 광선이 볼록렌즈를 통과한 후 진행하는 경로를 선으로 그리시오.

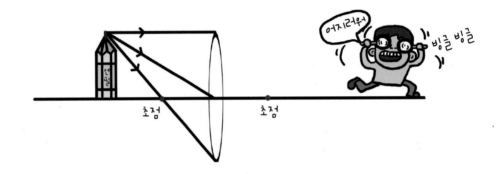

2 렌즈의 오른쪽에서 연필 끝을 관찰하기 위해 관찰자의 눈이 위치해야 할 영역을 문제 1에서 답한 그림에 빗금으로 표시하시오. (단, 반드시 빗금의 경계선을 명확하게 그려야 한다.)

3 다음 그림과 같이 렌즈의 윗부분을 검은 종이로 막았다. 물체의 상에 어떤 변화가 생기는지 쓰고, 그 이유를 서술하시오.

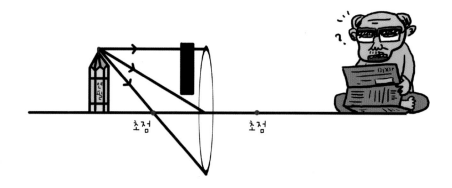

▸ 초점: 렌즈나 구면 거울 등에서 입사 평행 광선이 한곳으로 모이는 점 또는 어떤 점을 통과하여 모두 평행 광선으로 될 때의 점

상자의 구멍이
보이지 않게 하는 방법

다음 그림과 같이 불을 켠 꼬마전구를 상자 속에 넣고 뚜껑을 덮었다. 그리고 상자 윗부분에는 조그만 구멍을 뚫어 놓았다. 물음에 답하시오.

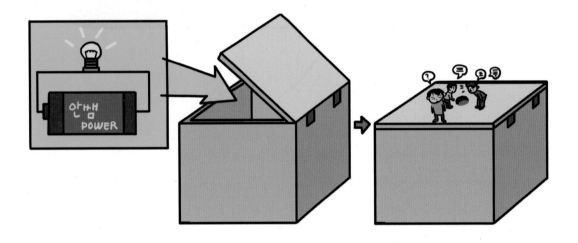

1 밝은 곳에서 상자의 구멍을 보니 어둡게 보였다. 그 이유를 서술하시오.

2 상자의 구멍이 보이지 않게 하기 위해서는 어떻게 하면 되는지 그 방법을 서술하시오.

3 상자의 구멍이 밝게 보이게 하기 위해서는 어떻게 하면 되는지 그 방법을 서술하시오.

핵심이론

▶ 주위보다 더 많은 빛을 보내면 그 부분은 주위보다 밝게 보인다.

▶ 주위보다 더 적은 빛을 보내면 그 부분은 주위보다 어둡게 보인다.

07 건전지를 거꾸로 연결하면?

다운이는 1.5 V용 건전지를 사려고 문구점에 갔다. 그런데 1.5 V용 건전지의 종류가 너무 많아서 어떤 것을 사야 할지 고민이 되었다. 물음에 답하시오.

1 다운이는 같은 1.5 V용 건전지라도 크기에 따라 가격이 다른 것을 발견했다. 큰 건전지가 작은 건전지보다 비싼 이유를 서술하시오.

2 다운이는 3개의 건전지를 사 가지고 왔다. 3개의 건전지를 이용하여 그림 (가)와 같이 전지를 직렬연결하여 꼬마전구에 불이 들어오게 했다. 이때 가운데 있는 전지를 그림 (나)와 같이 거꾸로 끼운다면 꼬마전구의 밝기는 어떻게 되는지 쓰고, 그 이유를 서술하시오.

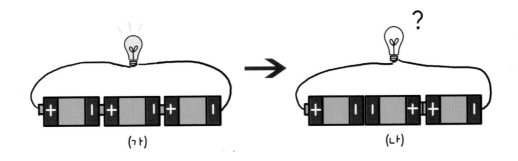

3 이번에는 2개의 건전지를 직렬연결하여 그림 (다)와 같이 꼬마전구에 불이 들어오게 했다. 그 다음 1개의 건전지를 그림 (라)와 같이 병렬연결하면 꼬마전구의 밝기는 어떻게 되는지 쓰고, 그 이유를 서술하시오.

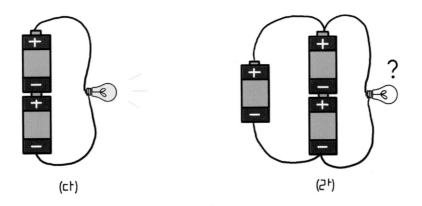

핵심이론

▶ 직렬연결: 전기 회로의 일부에서 발전기, 전지, 축전지, 저항기 등을 일렬로 연결하는 것

▶ 병렬연결: 전기 회로에서 발전기, 축전기, 전지 등을 같은 극끼리 연결하는 것

08 전선 위의 참새가
감전되지 않는 이유

다음 그림과 같이 전지 1개에 똑같은 전구 3개를 하나씩 직렬연결했다. 물음에 답하시오.

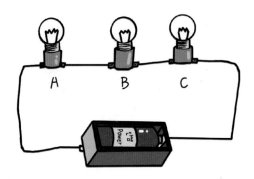

1 전구를 한 개씩 달 때마다 A, B, C의 밝기는 어떻게 변하는지 쓰고, 그 이유를 서술하시오.

2 전구 3개를 직렬연결한 회로에서 두 점 P, Q를 그림과 같이 연결시키면 전구 A, B, C의 밝기는 어떻게 변하는지 쓰고, 그 이유를 서술하시오.

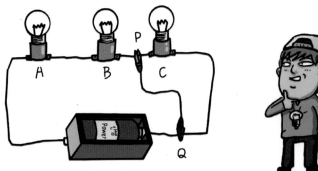

3 문제 2의 결과를 가지고 고압 전선 위의 참새가 감전되지 않는 이유를 논리적으로 서술하시오.

핵심이론

▶ 감전: 사람의 몸에 전류가 흘러 상처나 충격을 받는 것

▶ 전류는 저항이 적은 쪽으로 흘러간다.

5개의 전구와 3개의 스위치를 연결한 방법 찾기

다음 그림과 같이 5개의 전구 A, B, C, D, E와 3개의 스위치 (가), (나), (다)가 있다. 물음에 답하시오.

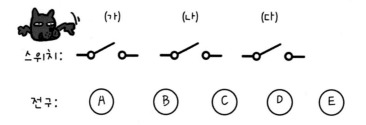

1 5개의 전구와 3개의 스위치를 연결한 후 스위치를 닫는 것에 따라 켜지는 전구가 다음과 같았다. 스위치 (가), (나), (다)와 각각 직렬로 연결되어 있을 것이라고 예상되는 전구는 어느 것인지 쓰시오.

> • 스위치 (가), (다)를 연결했더니 전구 A, C, D가 켜졌다.
> • 스위치 (나), (다)를 연결했더니 전구 B, D, E가 켜졌다.

2 3개의 스위치를 모두 연결한 상태에서 전구를 소켓에서 분리하는 것에 따라 꺼지는 전구가 다음과 같았다. 다음 결과와 같이 전선 안의 단자 (ㄱ)과 (ㄴ)에 연결되도록 회로도를 그리시오.

> • 전구 A를 소켓에서 분리하니 전구 C도 꺼졌다.
> • 전구 B를 소켓에서 분리하니 나머지 전구는 변화가 없었다.

핵심이론

▶ 소켓: 전구, 형광등, 진공관 등에 전기를 공급하기 위한 투입구인 동시에 그것들을 지지하기 위한 기구

전구가 연결된 전기 회로를 접지시키면?

다음 그림과 같이 전지와 전구를 연결하여 전구에 불이 들어오게 했다. 물음에 답하시오.

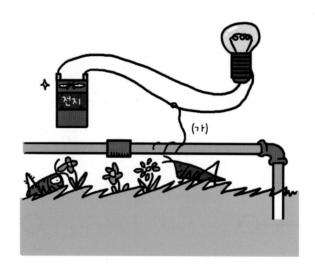

1 전지와 전구가 연결된 회로에 위의 그림과 같이 전선 (가)를 이용하여 접지를 시켰다. 이때 전구의 불은 어떻게 되는지 서술하시오.

2 문제 1과 같이 생각한 이유를 서술하시오.

▶ 접지: 전기 회로를 동선(銅線) 등의 도체를 이용하여 땅과 연결하거나 연결할 수 있게 하는 장치이다. 회로와 땅의 전위를 동일하게 유지함으로써 이상 전압의 발생으로부터 기기를 보호하여 인체에 대한 위험을 방지한다.

▶ 닫힌회로: 전기 회로에서 전류가 계속 흐르고 있는 회로

Ⅱ

물질

빵이 부풀려진 이유

주은이는 TV에서 빵이 만들어지는 모습을 보면서 '납작했던 반죽이 어떻게 빵이 되면서 부풀려지는 것일까?'란 의문이 생겼다. 물음에 답하시오.

1 다음은 빵을 만드는 과정이다. 이 중 빵이 부풀려지는 과정을 고르고, 그 이유를 서술하시오.

> **과정**
>
> ㉠ 베이킹파우더를 넣고, 반죽한다.
> ㉡ 반죽을 1시간 동안 숙성시킨다.
> ㉢ 숙성된 반죽을 오븐에 굽는다.

2 다음은 어떤 가루에 대한 설명이다. 밑줄 친 가루와 기체는 각각 무엇인지 쓰시오.

① 이 가루는 베이킹파우더의 재료이면서 분말 소화기의 성분이다.
② 이 가루가 페놀프탈레인 용액과 반응을 하면 붉은색으로 변한다.
③ 이 가루에 묽은 염산 두세 방울을 떨어뜨리면 기체가 발생한다.

핵심이론

▶ 베이킹파우더: 빵을 부풀게 하는 성분으로 탄산수소 나트륨이라 불린다.

▶ 숙성: 식품을 효소와 미생물 등의 작용에 의해 썩지 않고 알맞게 특유한 맛과 향기를 갖게 만드는 것

놀이동산에서 산 풍선이 공중에 뜨는 이유

민호는 놀이동산에 놀러 가서 예쁜 풍선을 샀는데 실수로 풍선을 놓쳐 하늘로 올라가 버렸다. 집으로 돌아오는 길에 민호는 문구점에서 풍선을 사서 입으로 불고, 실로 연결했다. 그런데 입으로 불어서 만든 풍선은 놀이동산에서 산 풍선과 다르게 공중에 뜨지 않았다. 물음에 답하시오.

1 민호는 같은 풍선인데 놀이동산에서 산 풍선은 공중에 뜨지만 입으로 분 풍선은 공중에 뜨지 않는 것을 보고, 두 풍선에는 어떤 차이점이 있을지 생각했다. 이와 같은 현상이 나타나는 이유를 서술하시오.

놀이동산에서 산 풍선

직접 분 풍선

2 민호가 놀이동산에서 놓쳐 하늘로 올라간 풍선은 어떻게 변하는지 쓰고, 그 이유를 서술하시오.

핵심이론

▶ 수소: 모든 물질 중 가장 가벼운 기체 원소

▶ 헬륨: 공기 가운데 아주 작은 양이 들어 있는 무색무취의 비활성 기체로 수소 다음으로 가볍다.

풍선이 저절로 부풀어 오른 이유

유찬이는 집에 있는 소다와 양조식초를 이용하여 할 수 있는 실험을 다음과 같이 설계했다. 물음에 답하시오.

준비물

탄산수소 나트륨(소다) 5 g, 양조식초 20 mL,
깔때기, 병, 컵, 풍선, 향, 성냥

실험 과정

㉠ 양조식초 20 mL 정도를 병에 넣는다.

㉡ 풍선을 미리 한 번 불었다가 바람을 빼어서 잘 부풀 수 있도록 해 놓는다.

㉢ 깔때기를 이용하여 탄산수소 나트륨 5 g을 풍선 속에 넣는다.

㉣ 풍선의 주둥이를 양조식초를 넣은 병에 끼운다.

㉤ 풍선을 한 번에 세워 속에 들어 있는 탄산수소 나트륨이 병에 들어가게 한다.

㉥ 부풀어 오른 풍선의 주둥이를 바람이 빠지지 않게 손으로 꼭 잡고 병에서 벗겨 낸다.

㉦ 풍선 속의 기체를 천천히 컵 속에 부어 넣는다.

㉧ 컵 속에 불을 붙인 향을 넣고, 향의 변화를 관찰한다.

---

1 ㉥에서 풍선이 부풀어 오른 이유를 서술하시오.

2　◎에서 컵 속에 불을 붙인 향을 넣으면 어떻게 되는지 그 이유와 함께 서술하시오.

핵심이론

▶ 양조식초: 알코올을 원료로 하여 아세트산 발효를 시킨 것이며, 합성 아세트산을 사용하지 않고 첨가하지 않은 것을 말한다.

▶ 중탄산 나트륨은 탄산수소 나트륨과 같은 물질이다.

14 물로부터 얻을 수 있는 수소에너지

규리는 다음과 같은 에너지보존법칙에 대한 설명을 읽고 여러 가지 의문이 생겼다. 물음에 답하시오.

> 에너지보존법칙은 에너지의 형태가 바뀌는 경우, 외부의 영향을 완전히 차단하면 물리적 · 화학적 변화가 일어나도 그 변화에 관계없이 전체의 에너지양은 항상 일정하며, 무(無)에서 에너지를 창조할 수 없다는 물리학의 근본 원리로 1840년에 헬름홀츠가 세웠다.

1 위와 같이 에너지보존법칙에 의해 자연계의 에너지는 보존된다. 그러나 석유와 같은 연료에 의한 에너지 고갈의 문제로 인해 에너지를 절약해야 한다고 한다. 석유를 이용해서 그 이유를 서술하시오.

2 에너지 고갈의 문제로 수소에너지와 같은 대체에너지를 연구하고 있다. 그 종류를 2가지 쓰시오.

3 대체에너지 중 물로부터 얻을 수 있는 수소에너지는 공기 중에서 연소되어 물로 변하므로 오염 물질을 유발하지 않고, 발열량도 천연가스의 약 2.5배 정도가 되어 제조 기술 개발에 많은 노력을 하고 있다. 그러나 아직 연료로 활용하기에는 부적절하다. 수소의 성질을 이용하여 그 이유를 서술하시오.

핵심이론

▸ 자연계: 인간 세계를 둘러싸고 있는 천체, 산천, 식물, 동물 등의 모든 세계

▸ 대체에너지: 기존의 에너지를 대신할 새로운 에너지로, 흔히 석유를 대신할 에너지인 수력, 풍력, 원자력, 태양열 등을 이른다.

▸ 연소: 일반적으로 불꽃의 형태로 빛과 열을 발생하는 물질들 사이의 빠른 화학 반응

겨울에는 어떤 물로 세차하는 것이 좋을까?

추운 겨울날 예준이는 아빠와 함께 세차를 하기로 했다. 물음에 답하시오.

1 세차를 하려고 하는데 너무 추운 겨울이라 아빠는 뜨거운 물로 해야 할지, 미지근한 물로 해야 할지, 차가운 물로 해야 할지 고민에 빠졌다. 과학을 좋아하는 예준이는 어떤 물을 선택했을지 쓰시오

2 문제 1에서 예준이는 왜 그렇게 선택했는지 그 이유를 서술하시오.

핵심이론

▶ 세차: 차체, 바퀴, 기관 등에 묻은 먼지나 흙 따위를 씻음

▶ 미지근한 물: 더운 기운이 조금 있는 듯한 물

16 양초가 연소할 때 생기는 물질은?

양초가 어떻게 연소하는지 궁금해하던 우연이는 양초에 불을 붙이고, 불꽃을 관찰해 보았다.
물음에 답하시오.

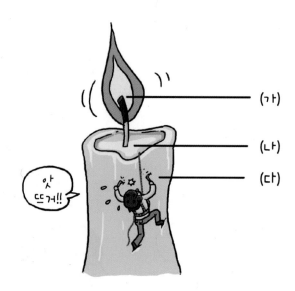

1 (가), (나), (다)의 상태를 각각 쓰시오.

2 양초가 연소할 때 푸른색 염화코발트지를 대면 붉은색이 되고, 석회수를 넣으면 뿌옇게 흐려진다. 이 사실을 통해 알 수 있는 생성물을 모두 쓰시오.

3 양초를 불면 불이 꺼지면서 연기가 생긴다. 이 기체에 불씨를 가져가면 다시 불이 붙는데, 기체의 성분과 다시 불이 붙는 이유를 서술하시오.

핵심이론

▶ 연기: 물체가 타면서 나오는 작은 액체 방울이나 고체 알갱이

▶ 연소: 물질이 산소와 빠르게 반응하여 빛과 열을 내는 현상

어느 양초의 불이 먼저 꺼질까?

재미있는 과학 수업 시간에 선생님께서 모둠별로 탁자 위에 놓여 있는 준비물을 가지고 할 수 있는 실험을 설계한 후 실험 보고서를 작성하라고 하셨다. 다음은 승우네 모둠 탁자 위에 놓여 있는 준비물이다. 승우는 모둠의 의견을 모아 다음과 같이 실험을 설계했다. 물음에 답하시오.

> ### 준비물
> 사각 수조, 길이가 다른 양초 3개, 드라이아이스, 성냥, 면장갑
>
> ### 실험 과정
> ㉠ 사각 수조에 길이가 다른 양초 3개를 넣어 고정시킨다.
> ㉡ 양초 3개에 불을 붙인다.
> ㉢ 면장갑을 낀 후 드라이아이스를 여러 조각으로 나누어 사각 수조 안에 넣는다.
> ㉣ 시간이 지나면서 사각 수조 안에 어떤 변화가 생기는지 관찰한다.
>
>

1 ㉢에서 장갑을 끼는 이유를 서술하시오.

2   ②에서 시간이 지나면서 드라이아이스의 크기가 점점 작아지는 이유를 서술하시오.

3   길이가 다른 3개의 양초 중 어느 양초의 불이 가장 먼저 꺼지는지 쓰고, 그 이유를 서술하시오.

핵심이론

▶ 드라이아이스: 이산화 탄소를 얼린 것으로, 고체에서 바로 기체로 변하는 승화성 물질

▶ 수조: 물을 담아두는 큰 통

18 종이컵이 타지 않는 이유

다운이는 친구들과 산에 올라갔다. 한참 재미있게 놀다가 배가 고파진 다운이는 메추리알을 발견했다. 메추리알을 삶아 먹기 위해 친구들은 자신의 가방에서 도구들을 찾아보았다. 이때 찾은 것은 생수, 종이컵, 라이터였다. 물음에 답하시오.

1 다운이는 친구들에게 종이컵에 물과 메추리알을 넣고, 라이터로 물을 끓여 메추리알을 삶아 보자고 했다. 다운이 친구인 예준이는 "종이컵이 타지 않을까?"란 의문을 제기했지만, 종이컵을 태우지 않고 물을 끓일 수 있었다. 종이컵이 타지 않은 이유를 서술하시오.

2 예준이는 집으로 돌아와 라이터로 빈 종이컵에 불을 붙여 보았다. 그러자 빈 종이컵에 불이 붙었다. 재빨리 불을 끈 예준이는 고체를 가열하면 녹아서 액체가 된다고 배웠는데 종이컵이나 나무 같은 고체들은 얼음처럼 녹지 않고 타 버리는 것을 보고 '왜 그럴까?'란 의문이 생겼다. 그 이유를 논리적으로 서술하시오.

핵심이론

▶ 물의 끓는점은 100 ℃로, 끓을 때는 온도가 일정하게 유지된다.

▶ 연소가 일어나기 위해 필요한 것은 탈 물질, 발화점 이상의 온도, 산소 등이다.

만약 중력이 없다면 촛불 모양은?

승현이는 초에 불을 붙인 후 옆으로 기울여 보니 촛불 모양이 다음 그림과 같이 되는 것을 보고 여러 가지 의문이 생겼다. 물음에 답하시오.

1 위의 그림과 같은 촛불 모양이 생기는 이유를 서술하시오.

2 만약 중력이 없다면 촛불 모양은 어떻게 되는지 쓰고, 그 이유를 서술하시오.

3 중력이 없을 때 촛불은 시간이 얼마 지나지 않아서 꺼진다. 그 이유를 서술하시오.

핵심이론

▶ 중력: 지구 위의 물체가 지구 중심으로부터 받는 힘으로, 지구와 물체 사이의 만유인력과 지구의 자전에 따른 물체의 구심력을 합한 힘이다. 중력의 크기는 지구 위의 장소에 따라 다소 차이가 나며, 적도 부근이 가장 작다.

▶ 중력이 있을 때와 없을 때 촛불이 타는 모양은 다르다.

20 밀가루로 불꽃을 만드는 방법

라임이는 밀가루를 이용하여 불꽃을 만들 수 있다는 서아의 말에 따라 다음과 같이 실험을 설계했다. 물음에 답하시오.

실험 과정

㉠ 밀가루 한 컵 정도를 고운 체에 거른다.

㉡ 체에 걸러져 나온 밀가루를 두 겹으로 접은 붕대에 잘 싼다.

㉢ 밀가루를 싼 붕대 주머니를 촛불 위 15 cm 정도 높이에서 들고, 밀가루가 떨어지도록 흔들거나 수저로 탁탁 두드린다.

㉣ 체에 걸러진 고운 밀가루를 주머니에 넣고 떨어뜨리면 미세한 밀가루가 떨어지면서 번쩍번쩍 불꽃이 생기고 가끔 폭발음도 들린다.

1 위의 실험과 같이 밀가루에 의해서 번쩍번쩍 불꽃이 생기는 이유를 서술하시오.

2 만약 고운 밀가루가 아닌 밀가루를 뭉쳐서 떨어뜨리면 불꽃이 더 잘 생기겠는가? 그 이유를 서술하시오.

3 밀가루보다 더 선명한 불꽃을 만들 수 있는 물질은 어떤 것이 있는지 한 가지를 쓰고, 그 이유를 서술하시오.

핵심이론

▶ 미세: 분간하기 어려울 정도로 아주 작음

▶ 물질이 탈 때는 에너지를 방출한다.

▶ 불꽃이 일어나는 반응속도는 표면적과 관련 있다.

안쌤의
STEAM
+ 창의사고력
과학 100제

생명

21 과일 나무의 열매를 좋게 하는 방법

과일 나무를 가꿀 때에 열매를 좋게 하기 위하여 굵은 나뭇가지의 겉껍질을 너비 3 cm쯤 되는 고리 모양으로 벗기는 것을 환상박피라고 한다. 다음은 나뭇가지의 껍질을 벗겨내는 환상박피 실험을 한 결과를 나타낸 것이다. 물음에 답하시오.

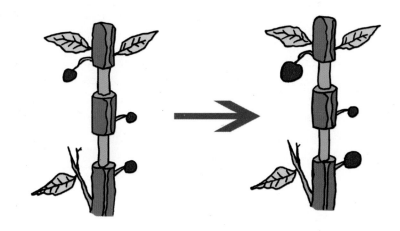

1 실험 결과, 환상박피를 한 나무가 살 수 있는 이유를 서술하시오.

2 실험 결과, 가운데에 위치한 열매만 더 이상 자라지 않는 것을 볼 수 있는데 그 이유를 서술하시오.

핵심이론

▶ 줄기: 식물의 줄기는 양분의 이동 통로이며, 바깥쪽에는 체관, 안쪽에는 물관이 위치한다.

▶ 박피: 껍질이나 가죽을 벗기는 것

22 씨앗을 돌아가는 레코드판 위에 놓으면?

다음은 씨앗에서 싹이 트는 모습을 나타낸 그림이다. 물음에 답하시오.

1 위의 그림과 같이 씨앗이 줄기는 위쪽을 향해 자라고 있고, 뿌리는 아래쪽을 향해 자라고 있다. 뿌리와 줄기가 서로 반대 방향으로 자라는 이유를 서술하시오.

2 왼쪽 그림의 씨앗을 돌아가는 레코드판의 끝에 놓았다면 줄기와 뿌리는 어떻게 자라는지 그 이유와 함께 서술하시오.

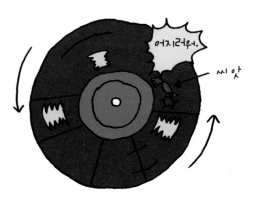

핵심이론

▶ 굴지성: 식물체가 중력의 작용에 의해 일정한 방향으로 굽는 성질
▶ 굴광성: 식물체가 빛의 자극에 반응하는 성질로 잎과 줄기는 빛의 방향으로, 뿌리는 그 반대 방향으로 구부러진다.

23 은영이가 제안한 비닐하우스의 환경

은영이는 식물의 광합성에 영향을 주는 요인을 알아보기 위해 두 가지 실험을 하고, 다음과 같은 실험 결과를 얻었다. 물음에 답하시오. (단, 광합성의 속도는 상대값으로 나타낸다.)

〈실험 (가)〉

온도(℃)	0	5	10	15	20	25	30	35	40
강한 빛을 받을 때의 광합성의 속도	11	14	17	28	39	61	90	93	19
약한 빛을 받을 때의 광합성의 속도	9	9	9	9	9	9	9	9	0

〈실험 (나)〉

공기 중 이산화 탄소의 농도(%)	0	0.03	0.06	0.09	0.12	0.15	0.18
강한 빛을 받을 때의 광합성의 속도	0	10	22	38	38	38	38
약한 빛을 받을 때의 광합성의 속도	0	6	6	6	6	6	6

1 은영이는 두 실험을 설계할 때 식물의 광합성에 영향을 주는 요인이라고 생각하는 것을 쓰시오.

2 실험 (가)에서 강한 빛을 받을 때의 광합성의 속도가 온도가 높을수록 증가하다가 40 ℃에서 갑자기 느려진 이유를 서술하시오.

3 실험 (나)에서 강한 빛을 받을 때의 광합성의 속도는 공기 중의 이산화 탄소의 농도가 0.09%인 순간부터 더 이상 증가하지 않았다. 그 이유를 서술하시오.

4 실험 (가)와 (나)에서 약한 빛을 받을 때의 광합성의 속도는 강한 빛을 받을 때보다 느리고, 온도와 공기 중의 이산화 탄소의 농도에는 거의 영향을 받지 않고 일정하다. 그 이유를 서술하시오.

5 은영이는 비닐하우스를 이용하여 딸기 농사를 하시는 아버지께 왼쪽 실험 결과를 보여드리며 비닐하우스의 환경을 어떻게 하면 좋은지 말씀드렸다. 그 방법을 서술하시오.

▶ 식물의 광합성에 가장 직접적으로 영향을 미치는 환경요인으로는 빛의 양, 온도, 이산화 탄소 등을 들 수 있는데 식물의 상태나 종류에 따라 달라질 수 있다.

24 고운 모래, 굵은 모래, 자갈로 하는 실험

실험을 좋아하는 영목이는 고운 모래, 굵은 모래, 자갈을 이용하여 다음과 같은 실험을 설계했다. 물음에 답하시오.

실험 과정

㉠ 3개의 시험관에 각각 고운 모래, 굵은 모래, 자갈을 넣어 채운다.

㉡ 솜으로 3개의 시험관의 위쪽을 막아 흙이 쏟아지지 않게 한다.

㉢ 3개의 시험관의 위쪽을 아래로 향하게 하여 다음 그림과 같이 물이 담겨 있는 패트리 접시에 각각 세운다.

㉣ 10분 후 각 시험관의 변화를 비교한다.

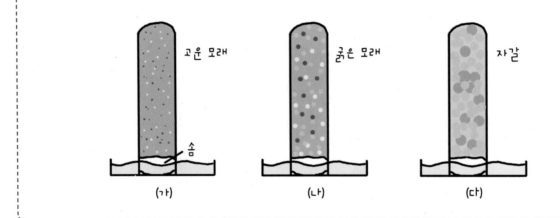

1   실험 과정 ㉣에서 관찰할 수 있는 시험관의 변화를 서술하시오.

2　실험 과정 ㉣에서 변화가 가장 많은 시험관을 고르고, 그 이유를 서술하시오.

3　왼쪽 실험과 같은 현상이 일어나는 예를 1가지 서술하시오.

핵심이론

▶ 페트리 접시(샬레): 둥글고 납작하며 뚜껑이 있는 유리 접시로, 세균 배양 등의 의학, 약학, 생화학 실험에 주로 쓴다. 독일의 세균학자 페트리(Petri, R. J.)의 이름에서 딴 말이다.

▶ 시험관: 화학 실험에서 어떤 물질의 성질이나 반응 등을 시험하는 데 쓰는 유리관으로, 한쪽이 막힌 길쭉하고 투명한 작은 유리관이다.

25 외눈박이 키클롭스가 보는 세상

자원이는 과학 도서를 읽다가 키클롭스 신생아에 대해서 알게 되었다. 다음은 자원이가 읽은 키클롭스 신생아에 대한 내용이다. 외눈박이 아기는 수백만 명 중 한 명꼴로 태어나는 희귀병을 가지고 태어난 아기를 말하며, 일명 '키클롭스 신생아'라고 불린다. 고대 그리스 신화에 나오는 외눈박이 거인에서 유래된 신생아로, 생존율이 극히 희박해 태어나서 하루를 넘기지 못하고 사망할 확률이 높다. 물음에 답하시오.

1　만약 키클롭스 신생아가 사망하지 않고 잘 자란다면 눈이 한 개라서 나타나는 현상에는 어떤 것이 있는지 서술하시오.

2　만약 눈이 아닌 귀가 한 개라면 귀가 두 개일 때와 비교해서 어떤 점이 다른지 서술하시오.

핵심이론

▶ 신생아: 태어난 후 4주일 정도까지의 아기를 말한다.

▶ 생존율: 살아남을 확률을 의미한다.

26 코끼리가 쥐보다 덩치가 큰 이유

다음 그림과 같이 코끼리는 쥐보다 덩치가 크다. 물음에 답하시오.

1 코끼리가 쥐보다 덩치가 큰 이유를 세포의 크기와 수를 이용하여 서술하시오.

2 세포는 일정한 크기 이상으로 커지지 않는다고 한다. 그 이유를 서술하시오.

3　만약 세포가 계속 커진다면 어떤 현상이 일어나는지 그 이유와 함께 서술하시오.

핵심이론

▶ 세포: 생물체를 이루는 기본 단위

▶ 물질대사: 생물체가 몸 밖으로부터 섭취한 영양 물질을 몸 안에서 분해하고, 합성하여 생체 성분이나 생명 활동에 쓰는 물질이나 에너지를 생성하고 필요하지 않은 물질을 몸 밖으로 내보내는 작용

27 대기 중에 포함된 산소의 양이 2배 증가한다면?

지원이는 과학 도서를 읽다가 지구의 대기는 78%의 질소, 21%의 산소, 그리고 기타의 기체들로 구성되어 있다는 것을 알았다. 그러다 문득 '만약 갑자기 지구의 대기 중 산소의 양이 2배 증가한다면 어떤 현상이 일어날까?'라는 의문이 생겼다. 물음에 답하시오.

(단, 대기압은 변하지 않는다고 가정한다.)

1 사람과 동물의 수명은 어떻게 되는지 쓰고, 그 이유를 서술하시오.

2 산불이 나면 어떻게 되는지 쓰고, 그 이유를 서술하시오.

3 사람의 호흡수와 호흡기관의 기능은 어떻게 되는지 쓰고, 그 이유를 서술하시오.

4 금속, 건물의 부식 속도는 어떻게 되는지 쓰고, 그 이유를 서술하시오.

핵심이론

▶ 대기압: 공기가 내려누르는 압력

▶ 부식: 금속이 주변 환경과의 화학 반응에 의해 표면에서부터 변질되는 현상

28 개구리가 잘 미끄러지지 않는 이유

아현이는 영재교육원을 대비하기 위해 여러 과학 도서를 읽다가 다음과 같은 글을 읽었다. 물음에 답하시오.

영국의 어느 동물학자는 서인도 제도의 나무에 붙어 사는 여러 종류의 개구리를 경사진 유리판에 올려놓고 얼마나 잘 달라 붙는지를 알아보았다. 그중 어느 개구리는 유리판을 120°로 기울여도 미끄러지지 않았다. 이 개구리의 발바닥에는 독특한 모양의 아주 작은 홈과 골이나 있었고, 발바닥에 축축한 점액이 있었다고 한다.

1 개구리가 잘 미끄러지지 않는 이유를 서술하시오.

2 왼쪽 글과 같은 원리인 것을 다음 보기에서 모두 찾아 쓰시오.

> **보기**
>
> (가) 소금쟁이가 물 위에 떠 있다.
> (나) 파리가 천장에 거꾸로 붙어 있다.
> (다) 물 축인 종이는 유리창에 잘 붙는다.
> (라) 물속의 돌은 쉽게 들어 올릴 수 있다.

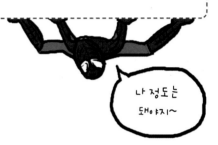

3 문제 2의 보기에서 왼쪽 글과 원리가 다른 것은 각각 어떤 현상 때문인지 서술하시오.

핵심이론

▶ 서인도 제도: 남·북아메리카 대륙 사이에 있는 크고 작은 많은 섬들로 이루어진 호상열도(바다 가운데 활등처럼 굽은 모양으로 널려 있는 섬의 집합체)

▶ 소금쟁이의 다리: 발목 마디에 잔털이 많아서 물 위에서 몸 앞쪽을 떠받치는 데 사용된다. 가운뎃다리가 미는 힘으로 물 위를 성큼성큼 걸어다닐 수가 있으며 잔털이 있어 물을 퉁기는 역할을 한다.

29 무성생식과 유성생식의 차이

정범이는 과학 도서를 읽고 다음과 같이 무성생식과 유성생식을 비교하는 표를 만들었다. 물음에 답하시오.

구분	무성생식	유성생식
새로운 개체	암수 생식세포의 결합 없이 만든다.	암수의 생식세포가 결합하여 만든다.
특징	모체의 형질을 그대로 보존할 수 있는 장점이 있다.	자손의 생김새나 특징이 다양하다.
생물	효모, 돌말, 아메바, 짚신벌레 등	원숭이, 고양이, 사람 등

1 정범이는 위의 표를 보고 다음과 같은 의문이 생겼다. 무성생식을 하는 생물과 유성생식을 하는 생물이 살아가는 환경이 비슷하다고 할 때, 만일 이들이 살아가는 환경이 급격히 변한다면 두 생물은 어떻게 되는지 서술하시오.

음 …

2 정범이가 문제 1과 같이 생각한 이유를 서술하시오.

핵심이론

▶ 개체: 하나의 독립된 생물체로, 살아가는 데 필요한 독립적인 기능을 갖고 있다.

▶ 모체: 아이나 새끼를 밴 어미의 몸

▶ 형질: 동식물의 모양, 크기, 성질 등의 고유한 특징으로, 유전하는 것과 유전하지 않는 것이 있다.

투명인간은 실제로 불가능할까?

투명인간은 영국의 유명한 SF 작가 허버트 조지 웰스(Herbert George Wells; 1866~1946)가 1897년에 소설로 처음 발표한 이후, 여러 영화나 드라마 등에서 다루어져 왔다. 다음은 투명인간을 소재로 한 어느 영화의 한 장면이다. 물음에 답하시오.

1 과학 도서를 읽다가 승현이는 투명인간이 실제로는 불가능한 이유를 알게 되었다. 그 이유를 서술하시오.

2 불가능한 이유를 읽은 승현이는 '그 원인을 다른 방법으로 대체하면 되지 않을까?'라는 의문이
생겼다. 어떻게 하면 되는지 서술하시오.

핵심이론

▶ 투명인간: 다른 사람의 눈에 자신의 몸이 보이지 않는 인간을 말한다.

안쌤의
STEAM
+ 창의사고력
과학 100제

IV

지구

31 밀물과 썰물이 생기는 이유

과학 도서를 읽던 미옥이는 다음 그림과 같은 강과 바다를 보고 여러 가지 의문이 생겼다. 물음에 답하시오.

1 강물은 흘러서 바다로 가기 때문에 바다에는 강물이 계속 유입된다. 하지만 바닷물의 높이는 강물이 흘러들어간 만큼 높아지지 않는다. 그 이유를 서술하시오.

2 미옥이는 부모님과 함께 제부도에 가는 도중 바다였던 곳에 갑자기 길이 생기는 것을 보고 깜짝 놀랐다. 엄마는 강물과 다르게 바닷물은 밀물과 썰물이 있기 때문이라고 설명해 주셨다. 제부도에서 돌아온 미옥이는 밀물과 썰물에 대해서 인터넷을 통해 알아본 결과 다음과 같은 글을 찾을 수 있었다.

> • 밀물: 간조에서 만조로 될 때 수위가 높아지면서 밀려드는 바닷물의 이동
> • 썰물: 만조에서 간조로 될 때 수위가 낮아지면서 빠져나가는 바닷물의 이동
> • 밀물, 썰물의 원인: 달과 태양의 인력과 원심력에 의해 발생함
> • 상세 설명: 바닷물이 들어오는 밀물과 바닷물이 빠지는 썰물은 달과 태양의 인력과 원심력에 의해 발생한다. 즉, 달 쪽을 향한 바닷물이 달의 끌어당기는 힘에 의해 부풀어 오를 때 반대편 지구의 바닷물은 원심력에 의해 부풀어 오른다. 태양도 밀물과 썰물에 영향을 미치나, 달보다 아주 멀리 떨어져 있기 때문에 그 영향력은 달보다 작다.

위의 글을 참고하여 우리나라는 하루에 몇 번의 밀물과 썰물이 생기는지 쓰고, 그렇게 생각한 이유를 서술하시오.

핵심이론

▶ 해수면이 가장 높을 때는 '만조', 가장 낮을 때를 '간조'라 한다.

▶ 조류: 밀물과 썰물 시 바닷물의 흐름

▶ 원심력: 회전하는 물체에서 회전의 중심에서 바깥쪽으로 작용하는 힘

32 개기월식 사진으로 알 수 있는 것은?

지구의 그림자에 달이 가려지게 되면서 달의 모양이 변해가게 되는 것을 월식이라고 한다. 이 때 달이 완전히 지구 그림자에 가려지는 것을 개기월식이라고 한다. 다음은 개기월식의 과정을 일정한 시간 간격으로 찍은 사진을 나타낸 것이다. 물음에 답하시오.

1 달의 모양이 시간에 따라 변해가는 것을 통해 지구는 어떤 모양이라고 예측할 수 있는지 그 이유와 함께 서술하시오.

2 위의 사진에서 달은 어느 방향으로 지구를 공전한다고 예측할 수 있는지 그 이유와 함께 서술하시오.

3 며칠 동안 달의 모양을 관찰하여도 우리는 달의 크기만 달라질 뿐 항상 달의 같은 표면만을 볼 수 있다. 그 이유를 서술하시오.

4 처음으로 인간이 달에 도착했을 때 달의 표면에 남긴 발자국은 달에는 대기가 없기 때문에 50여 년이 지난 지금 달에 가도 그대로 보존되어 있다고 한다. 지구의 표면보다 달의 표면에서 발자 국이 오랫동안 보존되는 이유를 서술하시오.

핵심이론

▶ 공전: 지구가 태양 주위를 원을 그리며 도는 운동
▶ 월식: '태양 – 지구 – 달'의 위치로 있을 때 일어나게 되며 달이 지구의 본 그림자에 가려지게 될 때 관측되는 개기 월식과 달이 지구의 본 그림자와 반 그림자 사이에 위치할 때 관측되는 부분월식으로 나뉜다.

33 바람의 방향을 바꾸는 요인들

상구는 과학 도서를 읽다가 적도 지방과 극지방에서는 어떻게 바람이 부는지 궁금했다. 물음에
답하시오.

1 태양에 의해서만 바람이 분다면 극지방과 적도 지방에서의 바람은 어떻게 불어야 하는지 서술하
시오.

2 문제 1과 같이 불어야 할 것 같은 바람은 실제로는 그렇게 불지 않는다. 바람의 방향을 바꾸는 요인은 어떤 것이 있는지 2가지 서술하시오.

핵심이론

▶ 적도: 지구의 자전축에 대하여 직각으로 지구의 중심을 지나도록 자른 평면과 지표와의 교선

▶ 태양에너지에 의해 지구는 극지방보다 적도 지방의 온도가 더 높아진다.

34 우주 속에서 별들은 어느 쪽으로 돌고 있을까?

하라네 가족은 물 좋고 공기 좋은 펜션에 놀러 갔다. 밖에 나와 밤하늘을 가만히 바라보던 하라는 별들이 일정한 방향에 따라 규칙적으로 돌고 있는 것을 보고 여러 가지 의문이 생겼다. 물음에 답하시오.

1 지구를 비롯한 모든 별들은 우주 속에서 어느 쪽으로 돌고 있는지 쓰고, 그 이유를 서술하시오.

2 지구는 태양의 둘레를 동그랗게 돌고 있을까? 일그러진 원으로 돌고 있을까? 지구가 어떻게 돌고 있는지 쓰고, 그 이유를 서술하시오.

3 지구의 대기에 존재하는 질소와 산소 등은 중력에 의해 지구 표면에 달라붙어 있을 것 같지만 대기 속에 골고루 퍼져 있다. 그 이유를 서술하시오.

핵심이론

▶ 지구의 공전과 자전의 방향, 별의 움직임의 방향, 은하계가 도는 방향은 같다.

▶ 떠돌이별: 중심 별의 강한 인력의 영향으로 타원 궤도를 그리며 중심 별의 주위를 도는 천체

35 감기에 잘 걸리는 가족이 사는 지역은?

해안 지방에 사는 라임이와 내륙 지방에 사는 유찬이는 한 달에 한 번씩 가족 모임을 갖는 친한 관계이다. 물음에 답하시오.

1 가족 모임을 갖다보니 두 가족 중 감기에 잘 걸리는 가족이 있었다. 그 이유는 내륙 지방과 해안 지방의 일교차가 다르기 때문이라고 한다. 감기에 잘 걸리는 가족이 라임이네 가족일지 유찬이네 가족일지 쓰시오.

2 해안 지방과 내륙 지방의 일교차가 다른 이유를 해안 지방을 기준으로 서술하시오.

핵심이론

▶ 해안: 바다와 육지가 맞닿은 부분

▶ 내륙: 바다에서 멀리 떨어져 있는 육지

36 사막에서 검은색 옷을 입는 이유

주형이는 더운 여름 날 선풍기 바람에 의해 시원함을 느끼기 위해 선풍기를 켠다. 물음에 답하시오.

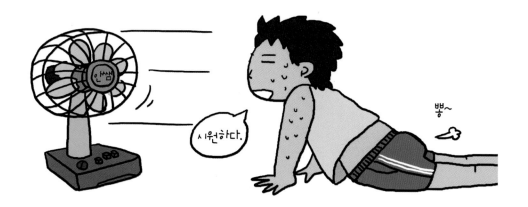

1 선풍기 바람이 시원하게 느껴지는 이유를 서술하시오.

2 선풍기 바람을 얼음에 쏘이면 얼음은 어떻게 되는지 쓰고, 그 이유를 서술하시오.

3 사막에 사는 사람들은 사시사철 푹푹 찌는 날씨에도 불구하고 검은 천으로 짠 헐렁한 옷을 입고 다닌다. 더운 사막에서 햇빛을 잘 흡수하는 검은색 계통의 옷을 입는 이유를 서술하시오.

핵심이론

▶ 흡수: 빨아서 거두어들임

▶ 계통: 하나의 공통적인 것에서 갈려 나온 갈래

37 팔만대장경을 오래 보관한 장경각의 구조

경남 합천 해인사에는 팔만대장경이 오랜 세월 동안 원형 그대로의 모습을 간직하며 잘 보관되어 있다. 나무에 새겨진 팔만대장경이 이렇게 오랫동안 원형 그대로의 모습을 간직할 수 있었던 것은 습기를 막아주고 적정한 온도를 유지시켜 주었기 때문이다. 이를 위해 장경각에는 물이 있는 계곡 쪽을 향하여 위, 아래에 두 개의 창이 나 있는데, 그중 아래쪽 창은 작게 만들어져 있고 위쪽 창은 좀 더 크게 만들어져 있다. 반대로 산꼭대기 쪽의 두 개의 창문은 아래쪽 창이 크고 위쪽 창이 작게 만들어져 있다. 물음에 답하시오.

(가) 낮에 장경각으로 부는 바람

(나) 밤에 장경각으로 부는 바람

1 낮에는 그림 (가)에서처럼 계곡 쪽의 아래쪽 창문에서 산 꼭대기 쪽의 위쪽 창문으로 바람이 분다. 밤에 장경각 안으로 부는 바람의 방향을 화살표로 그림 (나)에 그리시오.

2 낮에 장경각으로 부는 바람은 그림 (가)와 같다. 계곡 쪽의 아래쪽 창문을 작게 만든 이유를 서술하시오.

3 밤에 장경각으로 부는 바람은 문제 1의 답과 같다. 산 꼭대기 쪽의 아래쪽 창문을 크게 만든 이유를 서술하시오.

왜 다르게 만들라는 거야?

핵심이론

▶ 산에서는 낮에 골바람이 불고, 밤에 산풍이 분다.
▶ 바람은 습도를 낮추는 역할을 한다.

38 태양에너지로 돌아가는 바람개비

정현이는 다음과 같은 재료로 태양에너지를 이용하여 바람개비가 돌아가게 하는 실험을 설계하고 있다. 물음에 답하시오.

준비물

알루미늄 캔, 검은색 스프레이 페인트, 이쑤시개, 가위, 셀로판테이프, 쿠킹포일

실험 과정

㉠ 알루미늄 캔의 아랫부분을 오려낸다.

㉡ 알루미늄 캔의 안과 밖을 모두 검은색 스프레이 페인트로 칠한다.

㉢ 알루미늄 캔의 밑 부분을 공기가 들어갈 수 있도록 오려낸다.

㉣ 알루미늄 캔의 뚜껑 고리를 수직으로 세우고, 이쑤시개를 뚜껑 고리보다 2 cm 더 높게 나오도록 뚜껑 고리에 셀로판테이프로 고정시킨다.

㉤ 쿠킹포일을 접어 바람개비를 만든다.

㉥ 완성된 알루미늄 캔을 바람이 없고 햇볕이 잘 드는 곳에 놓고 쿠킹포일로 만든 바람개비를 이쑤시개 끝에 중심이 잘 잡히도록 올려놓는다.

빙글 빙글

1 ㉡에서 알루미늄 캔을 검은색으로 칠한 이유를 서술하시오.

2 왼쪽 실험 과정 ㉮에서 이쑤시개 위에 올려놓은 바람개비가 잠시 후 돌아가기 시작했다. 바람개비가 돌아가는 원리를 서술하시오.

핵심이론

▶ 쿠킹포일: 얇은 알루미늄을 종이처럼 만든 것을 말한다.

▶ 공기는 열을 받으면 가벼워지고, 열을 뺏기면 무거워진다.

39 이글루 안쪽 벽에 물을 뿌리는 이유

북극에 대해 설명되어 있는 과학 도서를 읽던 귀현이는 '북극 가까이에 살고 있는 에스키모들은 왜 눈 덮인 들판에 이글루(얼음집)를 짓고 살까?'라는 의문이 생겼다. 물음에 답하시오.

1 춥고 눈 덮인 들판에서 에스키모들이 얼음으로 집을 짓고 사는 이유를 서술하시오.

2 과학 도서에는 에스키모들이 이글루 안을 더 따뜻하게 하기 위해서 이글루 안쪽 벽에 계속 물을 뿌린다고 나와 있다. 물을 뿌리면 이글루 안이 따뜻해지는 이유를 서술하시오.

3 문제 2와 비슷한 원리를 이용한 예를 2가지 서술하시오.

핵심이론

▶ 이글루: 에스키모의 집으로, 얼음과 눈덩이로 둥글게 만든다. 얼음집이라고도 한다.

▶ 에스키모: 북극, 캐나다, 그린란드 및 시베리아의 북극 지방에 사는 인종으로, 피부는 황색으로 주로 수렵이나 어로에 종사하고, 여름에는 흩어져 살다가 겨울에는 집단으로 모여 이글루 등에서 산다.

 우리나라 전통가옥에서 처마의 역할은?

규범이는 민속촌 견학을 가서 다음 그림과 같은 우리나라의 전통가옥을 보고 여러 가지 의문이 생겼다. 물음에 답하시오.

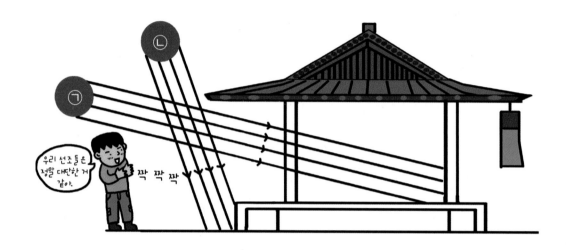

1 위의 그림에서 ㉠과 ㉡은 같은 시각의 동지와 하지 때 햇빛이 들어오는 것을 나타낸 것이다. ㉠과 ㉡ 중 하지 때의 태양은 어느 것인지 쓰시오.

2　우리나라 전통가옥에서 처마는 어떤 역할을 하는지 왼쪽 그림을 통해 알 수 있는 것을 서술하시오.

3　왼쪽 그림과 같은 전통가옥에서 창문의 방향은 어느 쪽이 좋겠는지 쓰고, 그 이유를 서술하시오.

핵심이론

▶ 동지: 24절기의 하나로, 대설(大雪)과 소한(小寒) 사이에 들며 태양이 동지점을 통과하는 때인 12월 22일이나 23일경이다. 북반구에서는 1년 중 낮이 가장 짧고 밤이 가장 길다.

▶ 하지: 24절기의 하나로, 망종과 소서 사이에 들며 음력으로 5월, 양력으로 6월 21일경이 된다. 북반구에 있어서 낮이 가장 길며 정오의 태양 높이도 가장 높고, 일사 시간과 일사량도 가장 많은 날이다.

▶ 처마: 지붕이 도리 밖으로 내민 부분

안쌤의
STEAM
+ 창의사고력
과학 100제

V

융합

41 소독약을 바르면 흰 거품이 생기는 이유

몸에 상처가 나면 가장 먼저 세균에 감염되지 않도록 소독을 한다. 소독약으로 주로 사용되는 것은 과산화 수소 5% 수용액인데, 이 용액을 상처가 난 부위에 바르면 흰 거품이 생기는 것을 볼 수 있다. 물음에 답하시오.

1 과산화 수소 소독약을 상처가 난 부위에 바르면 흰 거품이 생긴다. 그 이유를 서술하시오.

2 일반적으로 과산화 수소가 물로 변하는 데에는 오랜 시간이 걸린다. 하지만 과산화 수소를 감자에 넣거나 상처가 난 부위에 바르면 빠르게 물로 변한다. 이 과정에서 감자와 상처가 난 부위의 역할은 무엇인지 서술하시오.

핵심이론

▶ 소독약: 사람, 가축의 피부, 점막 또는 축사, 기구 등에 사용하여 세균을 죽이거나 약화시킴으로써 질병의 발생과 전염을 예방할 목적으로 사용하는 약이다.

▶ 과산화 수소는 색깔과 냄새가 없지만 특이한 맛을 가지고 있다. 과산화 수소 용액은 비교적 안전하며 약산성을 나타낸다. 알칼리, 유기물질 또는 금속과 접촉하게 되면 분해된다. 2.5~3.5%의 과산화 수소 용액이 소독약으로 많이 사용된다.

42 폭포에서 떨어지는 물이 하얗게 보이는 이유

다음 그림 (가)와 같이 고여 있는 물은 투명하게 보이지만, 그림 (나)와 같이 폭포에서 떨어지는 물은 투명하지 않고 하얗게 보인다. 물음에 답하시오.

(가)

(나)

1 그림 (가)와 같이 고여 있는 물이 투명하게 보이는 이유를 서술하시오.

2 그림 (나)와 같이 폭포에서 떨어지는 물이 투명하지 않고 하얗게 보이는 이유를 서술하시오.

3 다음 그림과 같이 얼음은 투명하지만, 하얗게 보이는 부분도 있다. 그 이유를 서술하시오.

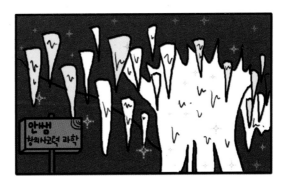

핵심이론

▶ 폭포: 물이 곧장 쏟아져 내리는 높은 절벽

▶ 산란: 빛이 물체와 충돌하여 각 방향으로 흩어지는 현상

▶ 투명: 물체가 빛을 잘 통과시킴

▶ 난반사: 울퉁불퉁한 바깥면에 빛이 부딪쳐서 사방팔방으로 흩어지는 현상

43 달리기 시합에서 이기는 방법

현주, 경수, 영목이는 다음 그림과 같이 아스팔트 길과 모래밭이 잇닿아 있는 곳에서 A에서 출발하여 B까지 달리기 시합을 했다. 물음에 답하시오.

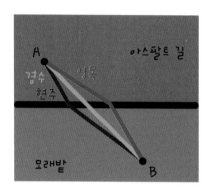

1 현주, 경수, 영목이는 위의 그림과 같은 경로로 달렸다. 만약 세 명의 달리기 속력이 같다면 달리기 시합에서 이기는 사람은 누구인지 쓰시오.

2 세 명의 달리기 속력이 같고, 세 명 모두 아스팔트 길에서의 속력이 모래밭에서의 속력보다 1.5배 정도 빠르다면 달리기 시합에서 이기는 사람은 누구인지 쓰시오.

3   문제 2와 같이 생각한 이유를 서술하시오.

44 굵기가 일정하지 않은 막대기의 무게는?

경수는 굵기가 일정하지 않은 길이 1 m인 막대기를 가지고 여러 가지 방법으로 막대기를 들어 보았다. 이 막대를 수평한 바닥에 놓고 그림 (가)와 같이 A 부분에 용수철 저울을 연결하여 들어올렸더니 300 N이었고, 그림 (나)와 같이 B 부분에 용수철 저울을 연결하여 들어올렸더니 200 N이었다. 물음에 답하시오.

1 경수는 이 막대기를 1개의 실로 다음 그림과 같이 묶어 수평하게 들어 올리려고 한다. A 부분에서 몇 cm 떨어진 곳에 실을 묶어야 하는지 구하시오.

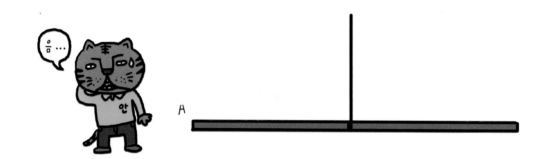

2 막대기의 무게는 몇 N인지 구하시오.

3 다음 그림과 같이 막대기의 길이 중심에 실을 묶어 들어 올리려고 한다. 막대가 수평을 이루려면 A, B 부분 중 어느 쪽에 몇 N의 추를 매달아야 하는지 구하시오.

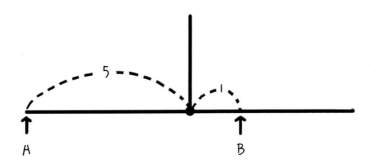

핵심이론

▶ N(뉴턴): 힘의 단위로, 1뉴턴은 1 kg의 물체에 작용하여 매초마다 1미터의 가속도를 만드는 힘이다.

▶ 수평의 원리: 물체의 무게×무게중심까지의 거리＝누르는 힘×무게중심까지의 거리, 즉 W×a＝F×b

생수에서는 전기가 통하지 않는 이유

우현이는 다음과 같은 재료를 가지고 실험을 하려고 한다. 물음에 답하시오.

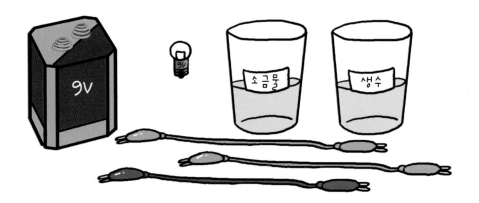

1 생수와 소금물을 이용하여 전기가 통하는지 알기 위한 실험을 하려고 한다. 위의 재료를 가지고 어떻게 하면 되는지 서술하시오. (단, 생수를 예를 들어 서술하시오.)

2 실험 결과, 생수에서는 전기가 통하지 않고 소금물에서는 전기가 통했다. 이것으로 알 수 있는 사실을 서술하시오.

핵심이론

▶ 생수: 끓이거나 소독하지 않은 맑은 물, 샘구멍에서 나오는 맑은 물

▶ 소금물: 소금($NaCl$)이 물에 녹아 나트륨 이온(Na^+)과 염화 이온(Cl^-)으로 존재하고 있는 물

46 사람의 모습에 따라 달라지는 저울의 눈금

과학 도서에서 민호는 다음 그림과 같이 큰 그릇에 물을 넣고 사람의 모습에 따라 저울의 눈금이 달라지는 것을 보면서 여러 가지 의문이 생겼다. 물음에 답하시오.

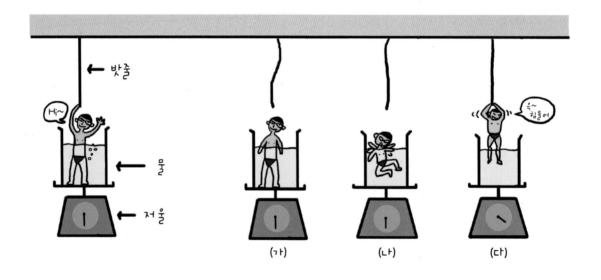

1 위의 그림 (가)는 사람이 가만히 서 있는 모습이고, 그림 (나)는 사람이 헤엄을 치는 모습이다. 이때 두 경우 저울의 눈금이 같다. 그 이유를 서술하시오.

2 위의 그림 (다)는 사람이 밧줄에 매달려서 몸의 일부만 물에 넣은 모습이다. 그 결과 저울의 눈금이 그림 (가)와 차이가 난다. 저울의 눈금 차이는 어떤 무게와 같은지 서술하시오.

3 왼쪽 결과를 이용하여 컵 속에 물을 넣어서 무게를 잰 다음, 물 속에 손가락을 넣고 저울의 눈금을 확인하면 무게는 어떻게 되는지 그 이유와 함께 서술하시오.

▸ 물속에서 사람을 뜨게 하는 것은 부력이다.

▸ 부력: 물속에 잠긴 물체의 체적에 해당하는 물의 무게

47 밝고 선명하게 보이는 도로 위의 표지판

도로에서 방향을 알려 주는 표지판이나 도로의 중앙선은 깜깜한 밤에도 불빛을 비추면 멀리서도 밝고 선명하게 보인다. 물음에 답하시오.

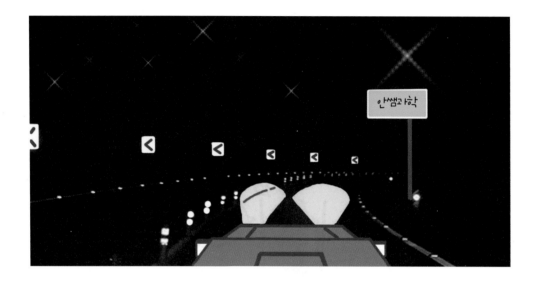

1 도로 위의 표지판에 불빛을 비추었을 때 밝고 선명하게 보이는 이유는 도로 위의 표지판이 다음 그림과 같이 구슬 표지판이기 때문이라고 한다. 그 원리를 추리하여 서술하시오.

2 구슬 표지판과 비슷한 원리를 가진 것으로 무지개를 들 수 있다. 그러나 무지개가 구슬 표지판처럼 태양빛을 받아 밝고 선명하게 보인다면 지표면에 있는 사람들은 무지개가 너무 밝아서 관찰할 수 없을 것이다. 지표면에 있는 사람들이 무지개를 볼 수 있는 이유를 구슬 표지판과 비교하여 서술하시오.

핵심이론

▶ 표지판: 어떠한 사실을 알리기 위하여 일정한 표시를 해 놓은 판
▶ 추리: 몇 개의 증거를 바탕으로 하여 어떤 사실이 성립되어 있음을 미루어 추측하는 일
▶ 무지개: 공중에 떠 있는 물방울이 햇빛을 받아 나타내는 반원 모양의 일곱 빛깔의 줄로, 흔히 비 그친 뒤 태양의 반대쪽에서 나타난다. 보통 바깥쪽에서부터 빨강, 주황, 노랑, 초록, 파랑, 남, 보라의 차례이다.

48 창가에 있던 캐러멜이 변형된 이유

주석이는 친구 두 명과 함께 자신이 생각하는 궁금증을 서로 나누면서 시간을 보내고 있었다. 물음에 답하시오.

1 주석이는 어느 날 캐러멜을 창가의 책상 위에 올려 놓았더니 모양이 흐느적거리며 변형된 것을 발견했다. 캐러멜이 변형된 이유를 서술하시오.

2 연소란 산소 혹은 공기 중에서 물질이 열이나 빛을 내면서 타는 것이다. 화력발전소는 연소와 관계가 있다고 할 수 있지만, 핵연료로 발전을 하는 원자력발전소가 산소를 이용하는 연소와 관계가 있을까? 그 이유를 서술하시오.

3 비누는 물과 기름 양쪽 모두 친해 기름때를 벗겨낼 수 있으므로 빨래를 할 때 사용된다. 비누가 발명되기 전 옛날 여인들은 양잿물을 이용하여 빨래의 기름때를 벗겨냈었다. 그 이유를 서술하시오.

핵심이론

▶ 원자력: 원자핵의 붕괴나 핵반응의 경우에 방출되는 에너지가 지속적으로 연쇄 반응을 일으켜 동력 자원으로 쓰일 때의 원자핵 에너지이다. 수력, 화력에 이어 제3의 에너지원으로 각광 받고 있으며, 발전이나 선박의 동력으로 널리 이용된다.

▶ 핵연료: 원자로에서 핵반응을 일으켜 에너지의 발생원이 되는 물질이다. 핵분열 물질과 핵융합 물질로 나뉘며, 전자에는 플루토늄, 천연 우라늄, 농축 우라늄 등이 있고, 후자에는 중수소, 삼중 수소, 리튬 등이 있다.

▶ 양잿물: 서양에서 받아들인 잿물이라는 뜻으로, 빨래하는 데 쓰이는 수산화 나트륨을 이르는 말이다.

바닷물에서 순수한 물을 얻는 방법

재모는 바닷가를 거닐다가 문득 '바닷물을 먹을 수 있을까?'란 의문이 생겼다. 그래서 과학 도서를 찾아본 결과 다음 그림과 같은 바닷물에서 순수한 물을 얻는 역삼투의 원리를 알게 되었다. 물음에 답하시오.

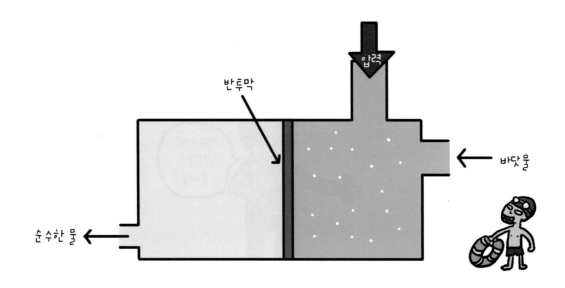

1 재모는 역삼투의 원리에서 가장 중요한 것이 반투막의 역할이라고 생각했다. 바닷물에 녹아 있는 입자들의 크기(㉠)와 반투막에 있는 구멍의 크기(㉡), 그리고 물 분자의 크기(㉢)를 비교하시오.

2 역삼투의 원리를 이용하여 바닷물에서 순수한 물을 얻는 과정을 서술하시오.

핵심이론

▶ 역삼투: 용액과 용매가 반투막을 사이에 두고 분리되어 있을 때, 용액 쪽에 외력을 가하면 용액 속의 용매가 용매 쪽으로 이동하는 현상을 말한다.

▶ 반투막: 용액이나 기체의 혼합물에 대하여 어떤 성분은 통과시키고 다른 성분은 통과시키지 않는 막

50 물의 부력을 이용한 수평 잡기

재우는 수평 잡기의 원리를 이용한 여러 가지 실험을 하다가 다음 그림과 같이 구슬이 담긴 접시를 막대기 양 끝에 매달아 평형을 이루게 했다. 물음에 답하시오.

(단, 구슬 한 개의 무게는 M이다.)

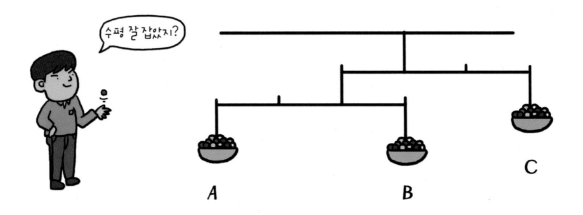

1 접시 A에 담긴 구슬이 20개일 때, 접시 B와 C에 담긴 구슬의 개수를 각각 구하시오.

2   왼쪽 그림에서 접시 A와 B가 매달린 막대를 떼어 낸 후, 다음 그림과 같이 접시 B를 물속에 넣었다. 이때 접시 A에 담긴 구슬 4개를 빼내었더니 평형을 이루었다. 접시 B가 받은 물의 부력의 크기를 M을 사용하여 나타내시오.

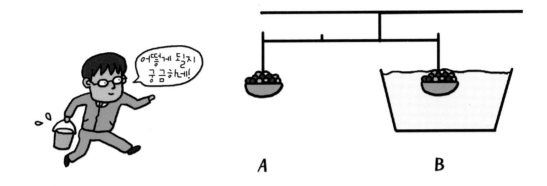

안쌤의
STEAM
+ 창의사고력
과학 100제

안쌤의

영재성검사 창의적 문제해결력 평가

기출문제

영재성검사 창의적 문제해결력 평가
기출문제

1 올해 토끼의 수는 작년 토끼의 수 2배에서 작년 늑대의 수를 뺀 수이고, 올해 늑대의 수는 작년 토끼의 수에서 작년 늑대의 수를 뺀 수이다. 3년 전 토끼의 수와 늑대의 수의 합이 100마리이고, 현재 토끼의 수와 늑대의 수의 합은 240마리이다. 3년 전 토끼의 수를 구하시오.

2 스발바르 국제종자저장고는 세계 주요 식물 종자를 보관하는 장소다. 혹시나 전쟁, 전염병, 기후 변화 등으로 지구 환경을 망가뜨린 끝에 곡식이 없어질지 모를 상황을 대비해 2008년 2월 26일에 설립되었다. 한국을 포함하여 약 80개 나라가 씨앗을 보관하고 있다. 국제종자저장고에서 씨앗을 잘 보관하기 위한 방법을 3가지 서술하시오.

3 총 30발의 활을 사용하여 과녁에 활쏘기를 하고 있다. 물음에 답하시오.

(단, 과녁을 빗나간 화살은 없다.)

(1) 과녁판의 점수가 다음과 같을 때 활을 쏘는 동안 1점~50점까지의 점수 중 나올 수 없는 점수를 모두 구하고, 그 이유를 서술하시오.

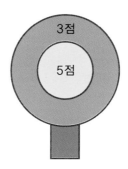

(2) 과녁판의 점수가 다음과 같을 때 활을 쏘는 동안 1점~150점까지의 점수 중 나올 수 없는 가장 큰 점수를 구하고, 그 이유를 서술하시오.

(3) 과녁판의 점수가 다음과 같을 때 활을 쏘는 동안 1점~100점까지의 점수 중 나올 수 없는 점수는 모두 몇 개인지 구하고, 그 이유를 서술하시오.

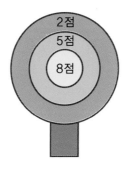

4 어떤 실험실에서 새로운 생명체 X를 만들었다. 이 생명체는 다음과 같은 방법으로 번식하는 특징을 가지고 있다. 물음에 답하시오.

> **번식하는 방법**
>
> ① 생명체 X의 생존 시간은 2시간 30분이다.
> ② 생명체 X는 1시간에 2마리씩 번식한다.
> ③ 생명체 X는 생존 시간 중 1번만 번식한다.
> ④ 시간을 제외한 다른 요인은 생명체 X의 번식에 영향을 주지 않는다.
>
> 오전 11시
> 오전 12시
> 오후 1시

(1) 오전 9시에 1마리였던 생명체 X가 위와 같은 방법으로 번식할 때, 오후 3시에 새로 생겨난 생명체 X는 모두 몇 마리인지 구하시오.

（단, 오후 3시 이전에 생겨난 생명체 X는 포함하지 않는다.)

(2) 오전 9시에 1마리였던 생명체 X가 위와 같은 방법으로 번식할 때, 오후 9시에 생존해 있는 생명체 X는 모두 몇 마리인지 구하시오.

5 눈의 배열이 동일한 3개의 주사위를 그림과 같이 쌓아올렸다. 주사위끼리 만나는 면에 적힌 눈의 수의 합이 각각 8일 때, ①번과 ②번 방향에서 본 주사위 모양을 각각 그리시오.

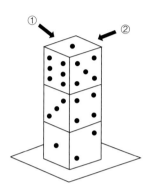

①번 방향	②번 방향

6 경기당 이기면(승) 2점, 비기면(무) 1점, 지면(패) 0점을 얻는 방식으로 A, B, C, D, E가 모두 한 번씩 경기를 했다. 각자 네 번의 경기를 치른 후 총점으로 순위를 매기니 A, B, C, D, E 순서였다. B와 E의 말을 토대로 다섯 명 각각의 승패의 수를 모두 구하시오.

(단, 총점이 같은 경우는 없다.)

> B: 나는 한 판도 안 졌어.
> E: 나만 다 졌어.

사람 \ 결과	승	무	패
A			
B			
C			
D			
E			

7 화성에서는 1년이 687일이고, 1달이 57~58일이다. 2201년 지구와 화성이 같은 설날을 맞았다. 이를 기념해 2201년 1월 1일 지구에서 화성을 향해 우주선이 출발했다. 물음에 답하시오.

(1) 우주선이 화성까지 가는 데 212일이 걸렸다면 우주선이 화성에 도착한 날짜를 화성의 날짜로 구하시오.

(2) 우주선이 화성에서 30일을 보낸 후 다시 지구로 돌아오는 데 212일이 걸렸다면 우주선이 지구에 도착한 날짜를 지구의 날짜로 구하시오.

8 다음의 표를 보고 찾을 수 있는 규칙을 7가지 서술하시오.

									1
								1	1
							1	2	1
						1	3	3	1
					1	4	6	4	1
				1	5	10	10	5	1
			1	6	15	20	15	6	1
		1	7	21	35	35	21	7	1
	1	8	28	56	70	56	28	8	1
1	9	36	84	126	126	84	36	9	1

9 〈그림 1〉과 같이 모든 방의 네 벽에는 출입구가 있고, 일부의 방에는 ╱ 또는 ╲ 모양의 가림판이 있다. 로봇은 1번 출입구를 통해 방으로 들어가고, 점선을 따라 [규칙]에 맞게 이동한다. 물음에 답하시오.

규칙

① 로봇은 가림판을 통과할 수 없다.

② 로봇은 가림판을 만났을 때만 좌회전 또는 우회전한다.

③ 로봇이 각 방의 출입구를 통과하는 순간마다 모든 방의 가림판은 동시에 모양이 바뀐다. ╱ 모양의 가림판은 ╲ 모양으로, ╲ 모양의 가림판은 ╱ 모양으로 바뀐다.

④ 〈그림 1〉과 같이 가림판이 있을 때, 로봇은 1번 출입구로 들어가서 9번 출입구로 나온다.

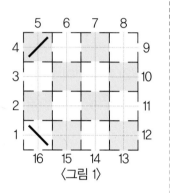

〈그림 1〉

(1) 〈그림 2〉와 같이 8개의 가림판이 있을 때 로봇이 나오는 출입구 번호를 찾으시오.

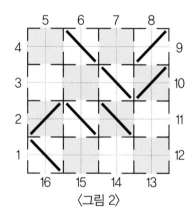

〈그림 2〉

(2) 〈그림 3〉과 같이 2개의 가림판이 있을 때, 4개의 가림판을 추가하여 로봇이 6개의 가림판을 적어도 한 번씩 모두 만난 후 7번 출입구로 나오도록 하려고 한다. 추가로 설치해야 하는 4개의 가림판을 〈그림 3〉에 그리시오.

    (단, 방 하나에 가림판을 2개 이상 설치할 수 없다.)

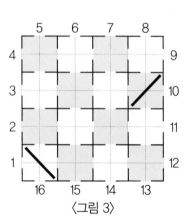

〈그림 3〉

10 생태계 평형을 이루고 있는 무인도에 생물 A~D가 산다. 생물 A~D의 생김새와 특징은 다음과 같다. 물음에 답하시오. (단, 무인도에 다른 생물은 살지 않으며, A~D는 각각 토끼, 토끼풀, 늑대, 대장균 중 하나이다.)

핵이 없음	핵이 있음			
	세포벽이 있음	세포벽이 없음		
		천적이 있음	천적이 없음
A	B	C	D

A: 몸이 막대 모양임
B: 증산 작용을 함
C: 운동 기관이 있음
D: 송곳니가 발달함

(1) B, C, D에 해당하는 생물이 무엇인지 쓰시오.

(2) C의 수가 갑자기 감소했을 때, 깨진 생태계 평형이 다시 회복하는 과정을 B~D를 이용하여 서술하시오. (단, C는 멸종하지 않았다.)

(3) 다음은 A가 살기에 알맞은 조건이 무엇인지 알아보기 위해 설계한 실험이다. 실험 과정에서 다르게 해야 할 조건을 고려하여 과정 ⑤를 서술하시오.

> **실험**
>
> **[가설]**
> A의 수는 차가운 곳보다 따뜻한 곳에서 더 빠르게 증가할 것이다.
>
> **[실험 과정]**
> ① 모양과 크기가 같고 뚜껑이 있는 접시 5개를 준비한다.
> ② A가 생존하는 데 필요한 물질이 모두 포함된 고체 상태의 영양분을 준비한다.
> ③ 영양분을 각 접시에 같은 양씩 나누어 담는다.
> ④ 각 접시에 담은 영양분 위에 A가 담긴 액체를 골고루 바르고 뚜껑을 닫는다.
>
> ⑤ _____
>
> ⑥ 18시간 후, A가 영양분을 덮은 면적을 비교한다.

11 다음 글을 읽고 기준 (가)와 (나)로 옳은 것을 3가지 쓰시오.

다음은 몇 가지 원소의 성질을 나타낸 카드이다.

원소 카드	원소 카드	원소 카드	원소 카드	원소 카드
이름: 마그네슘 금속 원소 상태(STP): 고체 반지름(pm): 145 전기음성도: 1.31 밀도(g/m³): 1.74	이름: 베릴륨 금속 원소 상태(STP): 고체 반지름(pm): 125 전기음성도: 1.57 밀도(g/m³): 1.84	이름: 탄소 비금속 원소 상태(STP): 고체 반지름(pm): 77 전기음성도: 2.55 밀도(g/m³): 2.25	이름: 플루오린 비금속 원소 상태(STP): 기체 반지름(pm): 71 전기음성도: 3.98 밀도(g/m³): 0.00171	이름: 나트륨 금속 원소 상태(STP): 고체 반지름(pm): 154 전기음성도: 0.93 밀도(g/m³): 0.97
이름: 질소 비금속 원소 상태(STP): 기체 반지름(pm): 75 전기음성도: 3.04 밀도(g/m³): 0.00125	이름: 리튬 금속 원소 상태(STP): 고체 반지름(pm): 134 전기음성도: 0.98 밀도(g/m³): 0.53	이름: 알루미늄 금속 원소 상태(STP): 고체 반지름(pm): 130 전기음성도: 1.61 밀도(g/m³): 2.69	이름: 수소 비금속 원소 상태(STP): 기체 반지름(pm): 37 전기음성도: 2.2 밀도(g/m³): 0.00009	이름: 산소 비금속 원소 상태(STP): 기체 반지름(pm): 73 전기음성도: 3.44 밀도(g/m³): 0.00143

그림은 제시된 원소를 기준으로 (가)와 (나)로 분류한 벤다이어그램이다.

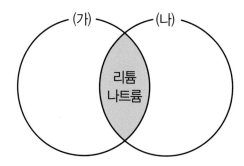

번호	기준 (가)	기준 (나)
1		
2		
3		

12 자이언트 세쿼이아 나무에 관한 글을 읽고 물음에 답하시오.

> 자이언트 세쿼이아 나무가 7일간 계속되는 산불도 견딜 수 있는 이유는 1 m 두께까지 자라는 나무껍질 때문이다. 그렇다고 껍질이 단단하지는 않으며, 오히려 푹신푹신하다. 자이언트 세쿼이아 나무는 이 푹신푹신한 나무껍질에 수분을 머금고 있다. 자이언트 세쿼이아 나무가 불이 나길 기다리고, 불에서도 잘 견디는 이유는 살아남아 씨앗을 퍼트려야 하기 때문이다. 자이언트 세쿼이아 나무는 솔방울의 온도가 200 ℃ 이상이 되면 씨앗을 내놓는다.

(1) 자이언트 세쿼이아 나무가 산불이 났을 때 씨앗을 퍼트리는 이유를 서술하시오.

(2) 자이언트 세쿼이아 나무껍질이 불에 잘 견디는 이유를 연소의 조건을 이용하여 서술하시오.

(3) 솔방울의 온도가 200 ℃ 이상이 되면 씨앗이 나오는 이유를 서술하시오.

13 국내의 한 기업은 '빼는 것이 플러스다.'라는 슬로건을 내세워 가격에 거품은 빼고, 가성비는 더 한다는 전략으로 가격이 저렴하면서도 품질이 좋은 제품을 판매하여 소비자들로부터 큰 인기를 끌었다. '～빼면(－) ～ 플러스(＋)다.'라는 문구를 넣어 사람들에게 긍정적인 영향을 주는 문장을 5가지 서술하시오.

> **예시**
>
> 가격에 거품을 빼면 판매량이 플러스다.

14 한여름에 시원하게 쏟아지는 거센 소나기에도 연꽃잎은 빗방울을 튕겨 내고 고인 빗물을 흘려보 낸다. 이러한 현상을 '연잎 효과'라 하는데 연꽃잎이 물방울에 젖지 않는 핵심적인 이유는 연꽃 잎에 무수히 나 있는 미세한 돌기와 연꽃잎 표면을 코팅하고 있는 일종의 왁스 성분 때문이다. '연잎 효과'를 생활 속에서 이용하는 구체적인 예를 3가지 서술하시오.

영재교육의 모든 것!
시대에듀가 상위 1%의 학생이 되는
기적을 이루어 드립니다.

안쌤 **안재범**

수달쌤 **이상호**

수박쌤 **박기훈**

영재교육 프로그램

 프로그램 **1** | **창의사고력 대비반**

 프로그램 **2** | **영재성검사 모의고사반**

 프로그램 **3** | **면접 대비반**

 프로그램 **4** | **과고·영재고 합격완성반**

수강생을 위한 프리미엄 학습 지원 혜택

 영재맞춤형 **최신 강의 제공**

 영재로 가는 필독서 **최신 교재 제공**

 핵심만 담은 **최적의 커리큘럼**

 PC + 모바일 **무제한 반복 수강**

 스트리밍 & 다운로드 **모바일 강의 제공**

 쉽고 빠른 피드백 **카카오톡 실시간 상담**

시대에듀가 준비한
특별한 학생을 위한
최상의 학습
시리즈

안쌤의 사고력 수학 퍼즐 시리즈

①
· 14가지 교구를 활용한 퍼즐 형태의 신개념 학습서
· 집중력, 두뇌 회전력, 수학 사고력 동시 향상

안쌤의 STEAM + 창의사고력
수학 100제, 과학 100제 시리즈

②
· 영재교육원 기출문제
· 창의사고력 실력다지기 100제
· 초등 1~6학년

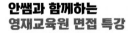

안쌤과 함께하는
영재교육원 면접 특강
⑧
· 영재교육원 면접의 이해와 전략
· 각 분야별 면접 문항
· 영재교육 전문가들의 연습문제

스스로 평가하고 준비하는! 대학부설 · 교육청
영재교육원 봉투모의고사 시리즈

· 영재교육원 집중 대비 · 실전 모의고사 3회분
· 면접 가이드 수록
· 초등 3~6학년, 중등

⑦

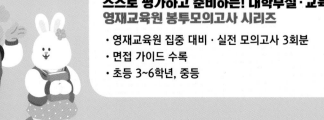

초등 6학년

영재교육원 영재성검사, 창의적 문제해결력 평가 완벽 대비

안 쌤의

STEAM
+ 창의사고력
과학 100제

정답 및 해설

시대에듀

이 책의 차례

정답 및 해설

에너지 정답 및 해설

01 바닷물이 파랗게 보이는 이유

정답

1 바닷물이 파랗게 보이는 이유는 파란 계통의 빛이 가장 느리게 흡수되면서 일부는 흡수하고 나머지는 물 분자에 부딪혀 흩어지기 때문이다. 그런데 이런 현상은 물의 깊이가 적어도 3 m는 넘어야 하므로 바닷물을 떠다 놓고 보면 투명한 것이다.

2 환자를 고압실에 넣고 서서히 압력을 낮춘다.

🔍 해설

1 태양에서 나온 빛은 물속 깊이 들어감에 따라 흡수되어 약해진다. 그러다가 바다 밑 약 300 m 정도에서는 완전히 깜깜해진다. 빛이 흡수되는 정도는 색깔에 따라 다르다. 즉, 파장이 긴 붉은색이 가장 잘 흡수되고, 물 밑 2~3 cm에서도 모두 흡수된다. 다음은 황색, 녹색, 청색 등의 순서로 흡수가 된다. 따라서 붉은 계통의 빛은 약 18 m 아래로 내려가면 완전히 흡수되어 사라져 버린다. 그런데 파란 계통의 빛은 가장 느리게 흡수되기 때문에 물 밑에 들어가면 일부만 흡수되고 나머지는 물 분자에 부딪혀 흩어져 버린다. 바로 이렇게 흩어진 푸른빛으로 인해 바다가 파랗게 보이는 것이다. 이러한 현상은 물의 깊이가 적어도 3 m는 넘어야 한다. 따라서 깊은 호수나 바다는 파랗게 보이고, 얕은 물은 투명하게 보이는 것이다.

2 잠수병은 압력이 급격히 낮아져서 혈액에 녹아 있던 질소가 기포를 이루어 생긴 것이다. 따라서 잠수부를 고압실에 넣어 발생한 기포를 다시 혈액에 녹아들어가게 한 후, 압력을 서서히 낮추어 질소 기체가 폐를 통해서 서서히 방출되도록 한다.

02 바늘구멍 사진기로 보는 상

정답

1

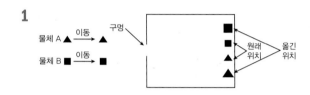

2 물체의 상의 크기는 점점 작아진다.

3 밝아지지만 상이 없어지거나 희미해진다.

🔍 해설

1 물체 A는 물체의 상이 그림 (나)와 같이 바늘구멍 사진기의 아래쪽에 생기고 구멍 쪽으로 접근하기 때문에 상의 크기는 점점 커진다.
물체 B는 물체의 상이 그림 (나)와 같이 바늘구멍 사진기의 위쪽에 생기고 역시 구멍 쪽으로 접근하기 때문에 상의 크기는 점점 커진다.

3 구멍이 커져서 도달하는 빛의 양이 많아 밝아지지만 구멍을 통과한 빛이 스크린의 여러 곳에 도달해 상들이 겹쳐지면서 상이 흐려진다. 반대로 구멍이 너무 작으면 빛의 회절현상으로 한 점이 아니라 넓게 물결처럼 일정한 패턴으로 퍼지면서 흐려진다.

03 하늘이 파랗게 보이는 이유

정답

1 구름을 구성하고 있는 입자가 모든 색의 빛을 골고루 산란시키기 때문이다.

2 빛이 진행하다가 공기 입자를 만나면 빛이 흩어지는데(빛의 산란), 파란색 빛(짧은 파장)은 산란이 잘 일어나기 때문이다.

3 저녁에는 태양이 지평선상에 있게 되므로 태양으로부터 오는 빛은 먼 거리를 이동해야 한다. 파장이 짧은 파란색 계통의 빛은 사방으로 산란되어 흩어지고, 관측자에게는 파장이 길어 산란되지 않은 붉은색 계통의 빛이 들어오기 때문에 저녁 노을이 붉게 보이는 것이다.

해설

1 구름을 구성하고 있는 입자의 크기는 가시광선의 파장보다 훨씬 크다. 따라서 구름 입자의 산란은 빛의 파장의 크기에 그다지 영향을 받지 않는다. 산란이 파장의 크기에 영향을 받지 않는다는 말은 입자가 어떤 특정한 색의 빛을 많이 산란시키는 것이 아니라 모든 색의 빛을 골고루 산란시킨다는 것을 의미한다. 즉, 모든 색깔의 빛이 산란되고, 산란된 모든 색깔을 가진 빛이 섞이면 흰색으로 보이게 된다. 이런 이유로 구름의 색깔도 흰색으로 보이는 것이다. 먼지가 많거나 습기가 많은 날 하늘이 하얗게 보이는 이유도 구름이 하얗게 보이는 이유와 같다. 하지만 알다시피 구름의 색깔은 항상 흰색은 아니다. 먹구름과 같이 두꺼운 구름의 경우에는, 대부분의 빛이 구름을 통과하는 동안 산란하여 소멸되기 때문에 얇은 구름보다 상대적으로 적은 빛이 통과하게 된다. 따라서 구름의 아랫부분이 어둡게 보이는 것이다.

2, 3 낮에 하늘이 푸르게 보이는 이유나 저녁에 일몰이 붉게 보이는 이유는 빛의 산란 현상 때문이다. 산란 현상이란 대기 중의 공기를 구성하는 작은 알갱이들 빛을 흡수하여 사방으로 다시 방출하는 현상이다. 산란되는 정도는 빛의 파장에 따라 달라진다. 여기서 파장이란 파동의 마루와 마루 사이의 거리를 말하는데, 우리가 흔히 말하는 빛은 붉은색 빛의 파장이 가장 길고 주황색, 노란색, 초록색, 파란색, 남색, 보라색 순으로 갈수록 짧아진다. 파장이 긴 붉은색 빛보다 파장이 짧은 파란색이나 보라색 빛이 산란 현상이 잘 일어난다. 그래서 낮에는 태양광선이 대기 중을 통과하면서 붉은색보다 파란색 계통의 빛이 많이 산란되고, 이 산란된 파란색 빛이 지표면의 관측자에게 들어오기 때문에 하늘이 파랗게 보이는 것이다. 또한, 아침이나 저녁에는 태양이 지평선상에 있게 되므로 태양으로부터 오는 빛 중에서 파란색 계통의 빛은 사방으로 산란되어 흩어지고, 관측자에게는 산란되지 않은 붉은색 계통의 빛이 들어오기 때문에 아침저녁 노을이 붉게 보이는 것이다.

04 사막에 신기루가 생기는 이유

정답

1 영양염류가 많은 연안에서는 식물성플랑크톤인 녹조류가 번성하기 때문이다.

2 지표면 가까이에 있는 뜨거운 공기층에 의해 빛이 굴절되면서 하늘의 일부분이 지표면에 있는 물처럼 보이는 것이다.

3 가시광선 중 파란빛이 다른 빛보다 상대적으로 파장이 짧으므로 파동이 휘어지는 현상인 회절이 일어나지 않기 때문이다.

🔍 해설

1 태양 빛이 바다에 닿으면 파장이 가장 긴 붉은빛이 수심 5 m 이내 깊이에서 가장 빠르게 흡수된다. 그 다음 노란빛이 흡수되고, 푸른빛은 가장 늦게 흡수되어 바닷속 깊은 곳까지 도달한다. 이런 원리는 바닷속 해조류의 생태에도 영향을 준다. 초록빛을 반사하고 붉은빛으로 광합성을 하는 녹조류는 붉은빛이 도달할 수 있는 얕은 곳에, 노란빛으로 광합성을 하는 갈조류는 비교적 더 깊은 곳까지 서식한다. 또, 푸른빛을 이용해 광합성을 하는 홍조류는 푸른빛이 바닷속 깊이까지 도달하는 만큼 깊은 영역까지 서식한다. 따라서 바다에 영양염류가 많으면 번성하는 식물성플랑크톤은 초록빛을 반사하고 붉은빛으로 광합성을 하는 녹조류이기 때문에 봄철이 되어 영양염류가 많은 연안의 바닷물은 초록색으로 보인다.

2 사막에서는 낮에 지면과 가까울수록 기온이 높아진다. 빛은 공기의 밀도가 작을수록 굴절률이 작아지기 때문에 입사각이 굴절각보다 커진다. 따라서 다음과 같이 빛이 휘어지게 된다. 또한, 신기루는 특별한 경우에 나타나는 빛의 이상굴절에 의한 착시 현상으로서 사막의 신기루는 지표면 가까이에 있는

뜨거운 공기층에 의해 빛이 굴절되면서 하늘의 일부분이 지표면에 있는 물처럼 보이게 하는 것이다.

차가운 공기
더운 공기

3 장애물의 크기에 비해 파장이 길면 빛의 회절의 정도가 크게 일어나고, 장애물의 크기에 비해 파장이 짧으면 회절이 잘 일어나지 않는다. 가시광선 중에서 파란빛은 다른 빛보다 상대적으로 파장이 짧으므로 회절이 덜 일어난다. 그러므로 광학 현미경에서 파란 불빛을 사용하면 더 선명하게 물체를 볼 수 있다.

05 빛을 한 점으로 모으는 볼록렌즈

정답

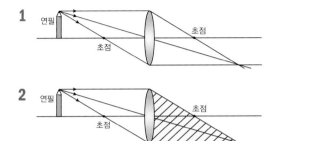

1

2

3 상의 밝기가 어두워진다.
렌즈의 초점은 변하지 않고, 물체의 상에 들어오는 빛의 양이 줄어들었기 때문이다.

🔍 해설

2 연필 끝에서 반사된 빛이 볼록렌즈에서 굴절되어 이동하는 경로에 눈이 위치한다면 연필 끝을 볼 수 있다. 따라서 빗금 친 부분에 관찰자의 눈이 위치해야 한다.

06 상자의 구멍이 보이지 않게 하는 방법

정답

1 주위보다 빛을 조금 보내기 때문에 어둡게 보이는 것이다.

2 상자 주위를 점점 어둡게 해서 상자 겉에서 반사되는 빛과 속에서 나오는 빛의 세기를 같게 해 준다.

3 상자 주위를 점점 어둡게 해서 상자 속에서 나오는 빛이 상자 겉에서 반사되는 빛보다 많게 해 준다.

🔍 해설

주위보다 더 많은 빛을 보내면 그 부분을 주위보다 밝다고 본다. 반면에 주위보다 더 적은 빛을 보내면 그 부분을 주위보다 어둡다고 본다. 이 실험에서 상자를 어두운 곳에 두면 상자 속의 전구 불빛이 구멍으로 나와 보이므로 구멍이 밝게 보인다. 그러나 주위가 밝아짐에 따라 상자 표면에서 반사되는 빛의 세기가 증가하게 되고, 구멍 속에서 나오는 전구 불빛과 상자 표면에서 반사하는 빛의 세기가 같아지면 구멍을 식별할 수 없게 된다. 또한, 상자 표면에서 반사하는 빛의 세기가 구멍에서 나오는 빛의 세기보다 크면 구멍이 어둡게 보인다.

07 건전지를 거꾸로 연결하면?

정답

1 큰 전지는 작은 전지보다 전해액(전류를 흘려주는 데 필요한 액체)이 많아 더 오랫동안 사용할 수 있기 때문에 가격이 비싸다.

2 전구의 밝기가 더 어두워진다.
그 이유는 건전지 1개를 반대로 연결해 놓으면 건전지 2개는 전압이 상쇄되어 건전지 1개를 연결한 것과 같아지기 때문이다.

3 전구의 밝기가 더 어두워진다.
전지에 의한 병렬연결에서는 3 V와 1.5 V의 전체 전압은 평균 전압보다 낮은 2 V 정도가 된다. 즉, 전압이 3 V에서 2 V로 되어 꼬마전구에 흐르는 전류의 양이 줄어들기 때문이다.

🔍 해설

1 전구를 연결하면 모두 같은 세기의 전류가 흐르지만, 큰 전지를 쓰면 전구가 더 오래 빛난다. 큰 전지에는 전해액이 많이 들어 있기 때문에 더 오랫동안 반응하며 사용기간이 길어지는 것이다.

2 한 개의 건전지를 반대로 놓으면 3개 중 2개는 전압이 없어져 전지 1개와 같아지고 1개의 전지에서 나오는 전류는 다른 2개의 전지 속을 통과해야 하므로 전류가 더 약해진다. 즉, 건전지 1개만 연결했을 때보다 조금 더 어둡다.

08 전선 위의 참새가 감전되지 않는 이유

정답

1 전구를 하나씩 달 때마다 전구의 밝기가 약해진다. 전지에서 나온 에너지를 전구가 나누어 갖기 때문이다.

2 전구 C에는 불이 켜지지 않고 전구 A와 B는 불이 더 밝아진다. 두 점 P, Q를 연결하면 전구 C는 전기가 흐르는 것을 방해해서 전기가 전선 PQ를 통해 흐르기 때문이다.

3 고압 전선은 PQ 전선, 참새는 전구 C로 생각할 수 있다. 참새가 감전되지 않는 이유는 고압 전선보다 참새 몸이 전기가 흐르는 것을 방해하는 정도가 커서 참새 쪽으로는 전기가 흐르지 않기 때문이다.

🔍 해설

1 전기가 흐르는 정도(전류)와 전기를 흐르게 하는 힘(전압)이 클수록 밝다. 또, 전구를 직렬연결하면 전기의 흐름을 방해하는 정도(저항)가 커질수록 전류가 작아진다. 전구가 늘어날 때마다 저항이 증가하므로 전류가 작아져 밝기가 약해지는 것이다.

2 전선 PQ 사이에는 저항이 거의 없어 대부분의 전류가 도선을 따라 흐르게 되어 전구 C는 불이 켜지지 않는다. 그 결과 전지의 전압은 전구 A, B에만 작용하여 전구 A, B에 더 센 전류가 흐르게 되므로 밝기가 더 밝아진다.

3 고압 전선에 앉은 참새가 감전되지 않는 것은 양발이 같은 줄에 닿으면 참새의 양발 사이에는 고압 전선보다 전기가 흐르는 것을 방해하는 정도가 커서 전기(전류)가 참새 쪽으로는 흐르지 않고 고압 전선으로만 흐르기 때문이다.

09 5개의 전구와 3개의 스위치를 연결한 방법 찾기

정답

1 스위치 (가): 전구 A, C
   스위치 (나): 전구 B, E
   스위치 (다): 전구 D

2
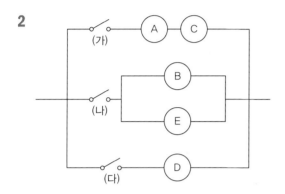

해설

문제 1에서 스위치 (가)에 연결된 전구는 A, C이고, 스위치 (나)에 연결된 전구는 B, E이며, 스위치 (다)에 연결된 전구는 D이다. 문제 2에서 전구 A와 C는 직렬연결이고, 전구 B와 E는 병렬연결이라는 것을 알 수 있다.

10 전구가 연결된 전기 회로를 접지시키면?

정답

1 불이 계속 들어온다.

2 닫힌회로의 한 곳을 접지하면 원래의 회로에 아무런 영향을 주지 않기 때문이다.

해설

전자는 배터리의 (−)극으로부터 (+)극으로 이동한다. 지면으로 들어가는 것은 전자들이 곁길로 빠지게 하는 것을 의미한다. 그러나 전자들은 곁길로 빠지지 않으므로 닫힌회로의 한 곳을 접지하면 원래의 회로에 아무런 영향을 주지 않는다.

물질 정답 및 해설

11 빵이 부풀려진 이유

정답

1 ©: 탄산수소 나트륨이 열분해에 의해 이산화 탄소를 발생시켜 빵을 부풀게 하기 때문이다.

2 • 가루: 탄산수소 나트륨
• 기체: 이산화 탄소

해설

1 탄산수소 나트륨 $\longrightarrow$ 탄산 나트륨＋물＋이산화 탄소
　　　　　　　　　(가열)

2 ②에서 페놀프탈레인 용액과 반응하여 붉은색으로 변하는 것은 이 물질이 염기성의 성질을 가지고 있기 때문이다. 탄산수소 나트륨은 물에 녹는 약한 염기성 물질이다.
③에서 묽은 염산과 반응하여 기체가 발생하는 것은 다음 반응에서 알 수 있듯이 이산화 탄소 기체가 발생하기 때문이다.
탄산수소 나트륨＋염산
→ 염화나트륨＋물＋이산화 탄소

12 놀이동산에서 산 풍선이 공중에 뜨는 이유

정답

1 행사장이나 놀이동산에서 파는 풍선 속에는 헬륨 기체가 들어있고, 입으로 분 풍선에는 이산화 탄소가 많이 들어 있다. 따라서 공기 무게보다 가벼운 헬륨 기체는 위로 올라가고, 공기 무게보다 무거운 이산화 탄소는 아래로 내려간다.
따라서 놀이동산에서 산 풍선은 공중에 뜨고, 입으로 분 풍선은 공중에 뜨지 않는다.

2 풍선이 팽창해 터진다. 하늘로 올라가면 기압이 떨어지기 때문이다.

해설

1 수소는 공기 중에 있는 여러 가지 기체 중 하나로, 공기 무게의 10분의 1밖에 되지 않을 정도로 가볍다. 그래서 수소 풍선은 하늘로 날아가 버린다. 헬륨도 수소 다음으로 가벼운 기체이므로 수소와 같은 현상이 일어난다. 과거에는 수소를 주로 사용했는데 수소의 폭발성으로 인한 사고 이후로는 놀이동산에서는 헬륨만 사용한다. 반면에 사람이 숨을 쉬면 입에서 이산화 탄소가 주로 나오게 되는데, 이것은 공기의 무게보다 무겁다. 그래서 입으로 분 풍선은 이산화 탄소가 많이 들어있어 공중에 뜨지 못하고 땅으로 떨어져 버리는 것이다.

2 기체는 압력이 작아지면 부피가 팽창한다. 높이 올라갈수록 압력이 작아지므로 풍선 안의 기체가 팽창하면서 풍선의 부피가 점점 늘어나 팽창하는 힘을 버티지 못하고 터지게 된다.

13 풍선이 저절로 부풀어 오른 이유

정답

1 탄산수소 나트륨(소다)과 식초가 만나면 이산화 탄소 기체가 발생하기 때문이다.

2 컵 속에는 이산화 탄소가 가득 차 있으므로 향은 산소 공급을 받지 못해 곧 꺼진다.

해설

소다(탄산수소 나트륨 혹은 다른 이름으로 중탄산 나트륨)에 식초를 넣으면 초산 나트륨이 되면서 이산화 탄소가 발생하게 된다. 실험에서 풍선 속에 들어가게 된 이산화 탄소는 공기보다 무겁기 때문에 컵 속에 넣었을 경우에는 눈에 보이지는 않지만 컵 속에 담아진다. 이산화 탄소가 가득한 컵 속에 불을 붙인 향을 넣으면 산소 공급을 받지 못해서 곧 꺼진다. 참고로 이산화 탄소는 색과 냄새가 없는 기체로, 공기보다 약 1.5배 무겁기 때문에 공기 중에서는 아랫부분부터 차게 된다. 또한, 물에 잘 녹으며, 물 1 L에 대하여 0 ℃에서 1.71 L, 20 ℃에서 0.88 L, 40 ℃에서 0.53 L 녹는다. 이산화 탄소가 물에 녹은 것을 탄산이라 하고, 물속에서는 약한 산성을 띤다.

14 물로부터 얻을 수 있는 수소에너지

정답

1 석유를 이용해서 화학에너지를 열에너지로 전환시키면 전환된 열은 점점 퍼져 나가면서 쓸모없는 열에너지로 전환되기 때문이다.

2 태양에너지, 조력에너지, 풍력에너지, 바이오 에너지 등

3 물을 분해하는 데 많은 비용이 든다. 또한, 수소는 폭발성이 커서 위험하다.

해설

자연계의 모든 에너지는 여러 가지 형태로 전환되지만 그 합은 항상 일정하다는 것이 에너지보존법칙이다. 즉, 모든 에너지는 전환되지만 보존되는 것이 당연하다. 그런데 에너지 문제는 왜 생기는가? 화석연료를 태우면 화학에너지가 열에너지로 전환된다. 이렇게 전환된 열은 점점 퍼져 나가면서 밀집도가 작아진다. 즉, 쓸모있는 열에너지에서 점점 쓸모없는 열에너지로 전환되는 것이다. 그리고 각 에너지 전환 과정에서 대부분 집약적이지 못한 열에너지로 손실되기 때문에 사용할 수 없게 된다. 따라서 에너지는 집약되어 있을수록 쓸모가 많으며, 퍼져 나가서 흩어지면 쓸모가 없어진다. 수소는 공기 중에서 연소되어 물로 변하므로 오염 물질을 유발하지 않고 발열량도 천연가스의 약 2.5배 정도가 된다. 그리고 물의 전기분해 시 발생하므로 그 원료는 무궁무진하다. 그러나 아직까지 대체에너지원으로서의 활용도가 떨어지는 이유는 물을 분해하는 데 막대한 생산비가 들기 때문이다. 그것은 물을 전기분해하여 들어가는 에너지나 연소 시 발생하는 에너지가 같아서이고, 금속 침투성이 있어 수송하기가 곤란해서이다. 또한, 단위 부피당 발열량이 적어서 많은 에너지를 얻기 위해서는 큰 부피의 수소를 연소시켜야 한다. 각국은 그 제조기술 개발에 노력하고 있는데, 현재 연구되고 있는

주된 제법으로서는 우선 원자력 발전의 전력으로 물을 전기분해하는 방법이 있지만 효율이 나쁘고 핵연료를 쓴다는 단점이 있다. 대량의 수소를 다루다 보면 아무래도 수소가 반응하여 물이 되지 못하고 그대로 대기 중으로 유출될 가능성이 있다. 수소의 반응성이 워낙 완벽하기 때문에 불완전 연소로 인해 수소가 대기 중으로 유출될 가능성은 적다. 하지만 수소 저장 탱크의 폭발, 수소 제조 과정에서의 수소 누출, 수소를 금속에 저장할 때 저장 상태에서의 유출 등 수소가 대기 중으로 누출될 가능성은 여러 가지가 있다. 이런 과정에서 수소가 대기 중으로 누출되면, 수소는 가볍기 때문에 대기권을 이탈하게 된다. 수소가 대기권을 이탈하면, 지구상의 물이 감소하게 되며, 물의 감소는 생태계 파괴는 물론 지구 환경을 변화시킨다. 인류가 프레온을 처음 사용할 때는 독성이 없는 최상의 재료라고 믿었으나 이는 곧 오존층을 파괴하는 위험한 물질이라 판명되었다. 수소 경제는 수소를 대량으로 활용하겠다는 것인데, 생명의 근원인 물을 안정성 검토 없이 활용하겠다는 것은 무모한 시도이다. 물이 조금씩 줄어든다고 갑자기 지구가 망가지지는 않겠으나, 생태계가 크게 교란될 가능성은 충분하다. 반도체 공장 등 산업활동 과정에서 소량씩 필요한 수소를 사용하는 정도는 대기권에 영향이 적겠지만, 자동차 연료 및 산업 연료로 수소를 사용하려면 수소를 대량으로 유통시켜야 한다. 이런 과정은 관리가 부실할 수밖에 없고, 수소가 대기권에 누출될 가능성은 너무나 많다. 수소 경제를 추진하는 사람들이나 환경 단체에서는 이러한 문제를 검토해야 한다. 초기의 지구에는 400기압이나 되는 공기가 있었는데, 산소는 암석 등과 반응하고 산소와 반응하여 물이 되지 못한 수소는 대기권 밖으로 이탈했다. 수소는 쉽게 얻을 수 있는 에너지가 아니고 전기와 같은 2차 에너지원이다. 따라서 1차 에너지는 여전히 필요하다. 수소 경제는 도심에서의 공해를 감소시키는 장점이 있지만 지구 전체의 오염 감소에는 도움이 되지 않는다.

15 겨울에는 어떤 물로 세차하는 것이 좋을까?

1 차가운 물

2 온도가 높을수록 증발이 잘 일어나기 때문에 물의 양이 감소하여 더 빨리 얼게 된다.

🔍 해설

서로 같은 물질이므로 열전도율은 같지만 뜨거운 물의 경우 증발이 활발하게 일어나게 된다. 일정 온도로 두 물의 온도가 같아지게 되면 뜨거웠던 물의 양이 증발한 만큼 감소되기 때문에 더 빨리 얼게 될 것이다.

16 양초가 연소할 때 생기는 물질은?

1 (가): 기체, (나): 액체, (다): 고체

2 물, 이산화 탄소

3 • 성분: 파라핀
   • 다시 불이 붙는 이유: 불이 붙어 있다가 꺼졌을 경우 액체 상태에서 계속 기체 상태로 변하고 있다가 단지 불만 꺼졌기 때문에 순간적으로 기체 상태의 양초가 연기처럼 남아 있게 된다. 따라서 이 기체에 불을 갖다 대면 다시 불이 붙게 되는 것이다.

해설

1 (가)에서는 녹았던 양초가 기체로 변하는 기화 현상이 일어나고, (나)에서는 고체 양초가 녹아 액체가 되는 융해 현상이 일어난다. (다)에서는 녹았던 양초가 굳어 고체가 되는 응고 현상이 일어난다.

2 푸른색 염화코발트지가 붉은색으로 변하는 것으로 물이 생성되었음을 확인할 수 있다. 또, 석회수가 뿌옇게 흐려지는 것으로 이산화 탄소 기체가 생성되었음을 확인할 수 있다.

3 고체인 파라핀과 액체인 파라핀에 직접 불을 붙여보면 고체인 파라핀은 녹아 액체가 될 뿐 불은 붙지 않는다. 또, 액체인 파라핀은 흰 연기만 올라올 뿐 잘 타지 않는다. 따라서 양초는 기체 상태로 탄다는 것을 알 수 있다.

17 어느 양초의 불이 먼저 꺼질까?

1 드라이아이스는 주위로부터 열을 흡수하여 급속하게 냉각시키므로 피부에 직접 닿으면 화상이나 동상을 입을 수 있기 때문이다.

2 드라이아이스는 얼음이 녹을 때처럼 액체를 거치는 것이 아니라, 곧바로 기체 상태의 이산화 탄소로 변하기 때문이다.

3 제일 작은 양초의 불이 가장 빨리 꺼진다.
   이산화 탄소 기체는 공기보다 무거워 밑으로 가라앉아 수조의 아랫부분부터 쌓이기 때문이다.

해설

이산화 탄소 기체에 압력을 가해 액체 이산화 탄소로 만든 후, 바로 실린더를 통해 주입하여 팽창시키면(단열 팽창) 냉각되어 눈송이 모양의 결정이 된다. 이것을 압축한 것이 드라이아이스이다. 드라이아이스의 온도는 −80~−75 ℃ 정도로, 상온에서 승화하는 성질이 크다. 승화될 때 주위로부터 열을 흡수하여 주위의 온도가 급속도로 내려가기 때문에 냉각제로도 사용된다. 또한, 드라이아이스가 승화될 때 발생되는 이산화 탄소 기체는 세균이나 곰팡이 등과 같은 미생물의 번식을 억제하므로 냉동식품의 보관용으로 이용되기도 한다. 하지만 드라이아이스는 피부에 직접 닿으면 동상을 입을 위험이 있으므로 꼭 장갑을 끼어야 한다. 뿐만 아니라 드라이아이스는 승화될 때 기체가 발생하므로 밀폐된 용기에 보관할 때는 배출구를 만들어야 하며, 밀폐된 좁은 공간에서 취급할 경우 호흡 장애 또는 질식의 우려가 있으므로 환기를 해 주어야 한다.

18 종이컵이 타지 않는 이유

정답

1 종이컵에 열을 가하면 그 열은 물로 전달되어 물은 끓는다. 하지만 종이컵이 타기 위한 발화점의 온도까지는 올라가지 못하기 때문에 종이컵은 타지 않는다.

2 탄소와 수소가 결합된 화합물로 분자가 큰 종이컵이나 나무는 분자 사이의 인력이 약해지기보다 분해되어 산소와 결합하면서 불에 타기 때문이다.

해설

1 열은 온도가 높은 곳에서 낮은 곳으로 이동한다. 만약 여러 물체가 열적으로 접촉하면 뜨거운 것은 온도가 낮아지고 차가운 것은 온도가 올라가서 모두 같은 온도에 이르게 된다. 이러한 열전달은 전도, 대류 및 복사에 의해서 이루어진다. 종이컵 속의 물은 끓는점이 100 ℃이다. 그러나 종이컵이 연소하려면 450 ℃ 이상의 온도가 필요하다. 따라서 종이컵이 타는데 필요한 온도 이상 올라가지 못하고 100 ℃가 유지되기 때문에 종이컵을 태우지 않고 메추리알을 삶을 수 있다.

2 종이컵이나 나무는 탄소와 수소가 결합된 탄소화합물로 분자의 크기가 크다. 상대적으로 얼음은 수소와 산소로 이루어진 화합물로 분자의 크기가 작다. 열을 가하면 분자가 작은 얼음은 분자 사이의 인력이 약해져서 물인 액체가 되고, 더 열을 가하면 수증기인 기체가 된다. 그러나 분자의 크기가 큰 탄소화합물은 분자 사이의 거리가 멀어지기보다 탄소와 수소가 분해되어 산소와 결합하면서 불에 탄다. 이때 이산화 탄소나 일산화 탄소 등이 발생한다.

19 만약 중력이 없다면 촛불 모양은?

정답

1 중력에 의해 주변 공기보다 밀도가 작은 불꽃은 위로 올라가기 때문이다.

2 동그란 모양이 된다. 중력이 없으면 공기의 움직임이 없기 때문이다.

3 공기가 대류하지 않아서 산소 공급이 안 되기 때문이다.

해설

지상에서의 불꽃 모양은 [그림 1]과 같이 위로 올라가는 모양을 하고 있다. 이러한 모양이 가능한 것은 중력 때문이다. 빛과 열을 내면 밀도가 주변 공기보다 작아져 위로 올라가는데, 밀도 차이는 중력이 있을 때 나타난다.

[그림 1]

만약 중력이 없다면 [그림 2]와 같이 위아래의 차이가 없는 동그란 모양을 한다. 그리고 무중력 상태일 때는 공기의 대류가 일어나지 않기 때문에 연소에 필요한 산소 공급이 잘 이루어지지 않아서 금방 꺼진다.

[그림 2]

촛불의 따뜻한 열기로 팽창한 주변 공기는 위로 올라가지 못하고 그 자리에 머물게 된다. 또한, 주변에 있는 산소를 모두 연소시키기 때문에 파란빛을 띠고, 무중력 상태에서는 공기의 움직임이 없기 때문에 촛불은 동그란 형태만을 띠게 된다.

20 밀가루로 불꽃을 만드는 방법

정답

1 밀가루가 산소와 반응하여 빛과 열을 내기 때문이다.

2 고운 밀가루보다 불꽃이 더 잘 생기지 않는다. 산소와 접촉하는 밀가루의 표면적이 작기 때문이다.

3 연필심(또는 숯가루)이다.
그 이유는 산소와 더 잘 반응하기 때문이다.

해설

물질이 타는 것은 산소와 반응하는 '산화반응'의 일종인데, 이때에는 빛과 열의 형태로 외부에 에너지를 방출하게 된다. 밀가루가 뭉쳐서 떨어질 때보다 체로 걸러 더욱 고와진 가루로 만들어 떨어뜨리면 번쩍번쩍 불꽃이 일면서 반응이 더 빠르게 일어난다. 그 이유는 산소와 접촉하는 밀가루의 표면적이 넓어졌기 때문이다. 그리고 밀가루 대신 연필심이나 숯가루를 쓰면 밀가루보다 산소와 반응을 더 잘 하기 때문에 더욱 선명한 불꽃을 만들 수 있다.

생명 정답 및 해설

21 과일 나무의 열매를 좋게 하는 방법

정답

1 물관이 손상되지 않아 뿌리에서 흡수한 물과 무기 양분은 이동할 수 있기 때문이다.

2 잎이 없어서 광합성 산물을 저장할 수 없고, 양분의 이동 통로인 체관이 없어 다른 잎에서 만든 양분을 저장할 수 없기 때문이다.

🔍 해설

환상박피란 고리 모양으로 수피(껍질)를 벗겨내는 일을 말한다. 과수에 있어서 환상박피는 과수가 가지고 있는 영양 물질 및 수분, 무기 양분 등의 이동 경로를 제한한다. 따라서 잎에서 생산된 동화 물질을 뿌리로 이동하는 것을 박피 상층부에 축적시켜 과수의 화분화 유도와 착과증진, 과실 크기의 비대 등 생산성을 향상시키며 과실의 질적 향상을 도모하는 데 이용된다. 이것은 박피로 체관을 잘라낸 것이므로 잎에서 광합성으로 만들어진 양분의 이동을 막게 된다. 양분이 뿌리 쪽으로 이동되지 못하므로 양분은 박피 부분보다 위쪽에 축적되어 낙과가 적어지고 과실의 크기가 증대되는 동시에 성숙기를 빠르게 하는 효과가 있는 것이다. 반면에 뿌리 쪽으로 가는 동화 양분의 통로가 끊어지게 되므로 나무가 약해지고, 박피 부분의 상처가 융합되지 않아 나무가 말라죽을 위험이 있다.

22 씨앗을 돌아가는 레코드판 위에 놓으면?

정답

1 줄기는 빛의 방향으로 자라고, 뿌리는 중력의 방향으로 자라는 성질이 있기 때문이다.

2 줄기는 빛의 방향이 바뀌지 않았으므로 똑같이 위쪽으로 자라고, 뿌리는 원심력이 중력처럼 느껴지기 때문에 레코드판 바깥으로 자란다.

🔍 해설

1 식물의 성질 중에 굴지성이 있다. 이것은 식물이 중력에 반응하여 줄기는 위로 자라고 뿌리는 밑으로 자라는 현상을 말한다. 식물의 기본 축인 뿌리와 줄기는 중력 방향으로 자라는데, 지구의 중심을 향하여 자라는 뿌리는 양성 굴지성, 지구의 중심에서 멀어지는 방향으로 자라는 줄기는 음성 굴지성을 나타낸다. 이를 통해 뿌리는 흙 속의 영양분 흡수를 촉진시키고, 줄기는 광합성을 가장 효율적으로 할 수 있도록 한다.

2 레코드판의 끝에 두고 올려서 돌리면, 바깥으로 쏠리려고 하는 원심력이 작용한다. 우주정거장도 이런 원리로 중력을 만들려고 연구 중에 있다. 우주정거장이 빠르게 회전하면 바깥쪽으로 원심력이 작용하기 때문에 안에 있는 사람은 바깥쪽을 바닥처럼 생각하고 서 있을 수 있는 것이다. 식물도 레코드판의 끝에 놓고 회전을 했다면, 이런 원리에 의해서 중력의 방향이 바깥쪽이라고 느끼게 된다.

23 은영이가 제안한 비닐하우스의 환경

정답

1 온도, 공기 중의 이산화 탄소의 농도, 빛의 세기

2 광합성에 영향을 주는 효소가 37 ℃ 이상 되면 제대로 작용하지 않기 때문이다.

3 광합성량이 포화 상태가 되어 더 이상 증가하지 않기 때문이다.

4 약한 빛에서는 광합성량이 적어 낮은 온도와 이산화 탄소의 농도에서 포화 상태가 되기 때문이다.

5 온도는 30~35 ℃ 사이를 유지하고, 이산화 탄소의 농도는 0.12% 이상을 유지하며, 강한 빛을 받게 해 준다.

해설

식물이 산소를 만든다는 우리의 생각은 빛이 있어 광합성 작용을 하는 낮에 대한 것이며, 밤에는 호흡만 하여 산소를 흡수하고 이산화 탄소를 배출한다. 빛과 광합성의 관계는 빛에 의한 광화학 반응과 온도에 의한 열화학 반응을 같이 한다. 그러므로 빛의 양이 많을수록 광합성도 활발해진다. 햇빛은 거의 모든 파장의 빛이 골고루 분포하며, 빛을 받아들이는 엽록소는 붉은색과 파란색의 빛의 성분은 흡수하고 노란색과 녹색의 빛의 성분은 통과하는 특성이 있다. 빛의 양이 늘어날수록 계속 광합성의 양이 증가하지는 않고 일정량 이상의 빛은 포화 상태가 되어 광합성이 더 이상 늘어나지 않는다. 온도 역시 광합성의 양과 비례한다. 온도가 올라갈수록 광합성의 양은 증가하나, 약 37 ℃부터는 올라갈수록 감소하게 된다. 공기 중에는 약 0.03% 정도의 이산화 탄소가 있다. 이 이산화 탄소를 증가시키면 광합성도 증가하는데 약 0.1%까지는 비례해서 증가하나 그 이상은 포화 상태가 되어 이산화 탄소의 양을 증가시켜도 광합성의 양은 더 이상 늘어나지 않는다.

24 고운 모래, 굵은 모래, 자갈로 하는 실험

정답

1 물이 천천히 시험관 안쪽으로 올라간다.

2 시험관 (가)
알갱이가 작을수록 틈이 작아 물의 부착력이 크게 작용하기 때문이다.

3 • 체내에서 혈액이 순환한다.
• 식물의 뿌리에서 흡수한 물이 식물의 잎까지 올라간다.

해설

물은 천천히 위로 올라간다. 흙알갱이가 고우면 고울수록 물은 더 높이 올라간다. 물은 부착력이 응집력보다 크기 때문에 중력의 방향과 반대로 미세한 틈을 타고 위로 올라가려 한다. 지하수도 이와 같은 방법으로 식물의 뿌리에 도달한다. 물은 넓은 틈보다 좁은 틈 사이에서 더 높이 올라간다. 물은 알갱이가 굵어 넓은 틈을 만드는 자갈보다 알갱이가 작아 좁은 틈을 만드는 고운 모래에서 더욱 높이 올라간다. 이렇게 중력을 무시하고 올라가는 것과 같은 현상을 모세관 현상이라고 한다. 모세관 현상을 통해 식물이 영양분을 흡수하고, 우리 체내 혈액이 순환할 수 있다.

25 외눈박이 키클롭스가 보는 세상

정답

1 입체감과 거리감, 균형 감각을 정확히 느낄 수 없다.

2 소리 나는 방향을 정확히 알 수 없다.

해설

우리 뇌는 양쪽 눈에 맺힌 상을 종합해서 거리감과 입체적인 모습을 느끼고 판단한다. 그래서 눈이 한 개이면 입체감과 거리감을 느낄 수 없다. 한쪽 눈을 감고 약간 떨어진 거리에 있는 물건을 잡으려고 한다면 쉽게 잡히지 않고 헛손질을 하는 경우가 있다. 또한, 눈이 한 개이면 균형 감각에도 문제가 생긴다. 눈이 안 보이는 쪽으로 회전을 할 때나 걸을 때 균형을 잡지 못해 몸이 휘청할 수 있다.

마찬가지로 귀도 두 개가 있기 때문에 양쪽 귀에서 들리는 소리를 종합해서 소리가 나는 방향을 알 수 있다.

26 코끼리가 쥐보다 덩치가 큰 이유

정답

1 구성 세포의 크기는 비슷하나 코끼리의 세포의 수가 쥐의 세포의 수보다 훨씬 많기 때문이다.

2 세포가 작을수록 세포 전체 부피에 비해 세포막의 표면적이 넓어지므로 물질교환이 더 원활해지기 때문이다.

3 세포가 계속 커지면 세포 전체의 부피에 대한 세포막의 표면적 비율이 작아진다. 따라서 세포 내 노폐물의 배출과 외부로부터의 영양소 및 산소의 유입이 원활하게 이루어지지 않아 물질대사가 원활하게 일어나지 않을 것이다.

해설

1 아이가 성장하여 어른이 되는 과정도 세포 자체가 커지는 것이 아니라 세포의 수가 증가하는 과정이다.

27 대기 중에 포함된 산소의 양이 2배 증가한다면?

정답

1 짧아진다.
산소는 노화를 촉진시키기 때문이다.

2 더 큰 피해가 발생할 것이다.
산소가 많으면 연소가 더 잘 일어나 진화가 어렵기 때문이다.

3 호흡수는 감소하고, 호흡기관의 기능도 감소한다.
호흡 시 들어오는 산소의 양이 많아지기 때문이다.

4 빨라진다.
산소가 많으면 산화작용이 활발해지기 때문이다.

해설

산소가 많아지면 머리가 맑아지는 느낌을 받게 되지만 이내 몽롱함을 느끼게 된다. 또한, 높은 산소 농도는 뇌에 영향을 미치기 때문에 노화가 빨리 진행된다. 뿐만 아니라 산소가 몸에 남아 각종 질병을 유발시킨다. 따라서 인류는 산소를 걸러서 마실 수 있는 마스크를 개발해 쓰고 다니게 될 것이다. 그리고 산불의 진화는 더욱 어려워진다. 거의 폭발적으로 타오르기 때문에 불이 한 번 나면 피해는 기하급수적으로 늘어나게 된다. 하지만 연료를 적게 사용해도 화력이 좋기 때문에 고효율 발전과 경제적인 에너지 소비 생활을 할 수 있게 된다. 건물이 빨리 부식하고 철이 빨리 녹스는 관계로 단순 철보다는 합금 방식의 금속을 주로 사용하게 될 것이다. 인구 주거지역에 산소를 줄여주는 구형 돔이 설치될 수도 있을 것이다. 산소 탱크를 짊어지지 않아도 높은 산을 등반할 수 있으며 사람이 살기 적당한 산소는 고산 지대에 있어 대부분의 사람은 고산 지대에서 살게 될 것이다.

28 개구리가 잘 미끄러지지 않는 이유

정답

1 발바닥에 있는 독특한 모양의 홈과 골이 빨판 역할을 하고, 축축한 점액은 발바닥과 표면 사이의 빈틈을 없애주기 때문이다.

2 (나), (다)

3 (가) 물의 표면장력 때문이다.
(라) 물의 부력 때문이다.

해설

고무로 된 컵의 입구를 벽에 붙이고 조심스럽게 컵 안의 공기를 빼내면 컵 바깥쪽의 기압이 커서 컵을 벽면 쪽으로 밀기 때문에 잘 떨어지지 않게 된다. 이것이 빨판의 기본 원리이다. 개구리의 발바닥에 있는 독특한 모양의 홈과 골이 빨판 역할을 하고, 발바닥에 있는 축축한 점액이 발바닥과 표면 사이의 빈틈을 없애 고체 표면과 접할 때 부착력을 형성하여 미끄러지지 않는 것이다. 파리가 천장에 거꾸로 붙어 있을 수 있는 것도 발끝에 있는 빨판 때문이다. 체내에서 분비된 강한 접착제(기름 같은 것)는 빨판에 달려있는 작은 털에서 나오며, 파리 발의 털이 갈고리 역할을 해 미끄러지지 않고 잘 앉아 있을 수 있다. 또한, 물 축인 종이가 유리창에 붙는 것은 부착력에 의한 현상이다.

29 무성생식과 유성생식의 차이

정답

1 무성생식을 하는 생물은 멸종하고, 유성생식을 하는 생물은 잘 적응할 것이다.

2 무성생식은 모체의 형질을 그대로 받지만, 유성생식은 자손의 생김새나 특징이 다양하기 때문이다.

🔍 해설

유성생식이란 두 성(암컷과 수컷)을 가진 생물이 하는 생식 방법으로, 유성생식을 하기 위한 생식세포는 '배우자'라고 불린다. 동물은 보통 수컷과 암컷으로 형태가 다른 배우자를 만드는데, 이때 암컷 배우자를 난자, 수컷 배우자를 정자라 한다. 이와 같은 유성생식은 성이 분화된 생물의 생식 방법으로 동형 배우자의 합체에 의한 접합(해캄, 짚신벌레 등)과 이형 배우자의 수정에 의한 양성생식이 있다. 또한, 암수 배우자의 결합으로 다양한 유전자 조합을 가진 자손이 생기므로 새로운 환경에 적응할 수 있는 가능성이 커진다. 따라서 진화적인 측면에서 무성생식보다 유리하며 유전자의 새로운 조합을 만드는 유성생식이 생물의 진화를 추진했다고 할 수 있다. 무성생식밖에 할 수 없는 생물은 원시적 진화 단계에 머물러 있다. 따라서 무성생식을 하는 생물은 서로 유전적으로 유사하기 때문에 환경이 변하면 잘 적응하지 못하여 쉽게 멸종될 수 있다. 반면에 유성생식을 하는 생물은 서로 유전적으로 다양하기 때문에 환경이 변해도 잘 적응하여 번성할 것이다.

30 투명인간은 실제로 불가능할까?

정답

1 ・물을 제외한 다른 음식물을 먹는 경우 소화 과정에 있는 음식물이 보이게 된다.
・빛이 다 투과되면 투명인간은 망막에 맺히는 빛이 없어서 아무것도 볼 수 없다.

2 ・투명인간이 먹을 수 있는 음식을 개발한다.
・가시광선이 아닌 적외선(또는 자외선)으로 물체를 구별할 수 있어야 한다.

IV 지구 정답 및 해설

31 밀물과 썰물이 생기는 이유

정답

1 바닷물의 표면에서 증발이 계속적으로 이루어지기 때문이다.

2 밀물 두 번, 썰물 두 번 생긴다.
하루에 한 번 지구가 자전하기 때문에 인력과 원심력에 의해서 두 번의 밀물과 두 번의 썰물이 생긴다.

해설

1 바다로 흘러가는 강물의 양에 비하여 바닷물이 계속 높아지지 않는 이유는 태양에너지에 의하여 물이 계속 증발하기 때문이다. 이렇게 증발된 수증기는 다시 비가 되어 내리고 물은 계속 순환하게 된다.

2 지구가 하루에 한 번 자전하는 동안 한 번은 인력에 의해서, 또 한 번은 원심력에 의해서 두 번의 밀물이 발생하게 된다. 예를 들면, 우리나라 바다가 밀물이 될 때 지구 반대편 우루과이의 바다 역시 밀물이 된다. 따라서 우리나라는 인력에 의해 한 번, 원심력에 의해 한 번 밀물이 발생하여 하루에 총 두 번의 밀물이 발생하고, 그에 따라 두 번의 썰물이 발생하게 된다. 즉, 하루에 밀물 → 썰물 → 밀물 → 썰물이 각각 두 번씩 반복되어 생긴다.

32 개기월식 사진으로 알 수 있는 것은?

정답

1 지구의 그림자에 의해 가려지는 달의 모양이 둥글기 때문에 지구의 모양은 둥글 것이라고 예측할 수 있다.

2 달에 지구의 그림자가 시계 방향으로 가려지기 때문에 달은 반시계 방향으로 공전한다고 예측할 수 있다.

3 달의 자전과 달의 공전의 속도가 같기 때문에 한쪽 면만 계속 볼 수 있는 것이다.

4 달에는 물과 공기에 의한 풍화작용이 일어나지 않기 때문이다.

해설

3 달은 주변의 별들보다 훨씬 빠른 속도로 운동한다. 달이 지구 주변을 한 바퀴 도는 것을 $360°$로 보았을 때, 달은 24시간에 $13°$(달의 직경의 26배 정도)나 돈다. 이것은 달이 빠른 속도로 한 시간에 $0.5°$씩 이동한다는 것을 알 수 있게 한다. 일 년 동안 달을 자세히 관측하게 되면, 우리는 항상 달의 같은 면만 바라본다는 것을 알 수 있는데, 지구에서 보이는 달의 면은 지역에 따라 '달 위의 남자', '달 위의 여인', '달에 사는 토끼' 등으로 불리어 왔다. 여기서 우리는 달이 자전을 하는 동시에 지구 주위를 돌며 공전하고, 그 주기는 같다는 것을 짐작할 수 있는 것이다.

4 달에는 지구와 같은 대기가 없기 때문에 달의 공기는 지구처럼 순환하지 않는다. 따라서 달에는 바람에 의한 풍화작용이 일어나지 않는다. 또한, 물도 없어 물에 의한 침식작용도 없다. 그러므로 달의 표면에 찍힌 발자국은 오랫동안 보존될 수 있다.

33 바람의 방향을 바꾸는 요인들

정답

1 극지방에서 적도 지방 쪽으로 바람이 불 것이다.

2 • 지구의 자전
• 지형의 변화
• 지축이 23.5° 기울어짐

해설

태양에너지에 의해 극지방보다 적도 지방의 온도가 높아진다. 따라서 적도 지방에 있는 공기는 뜨거워져 위로 상승하고, 북극이나 남극 지방의 차가운 공기가 적도 지방 쪽으로 이동할 것이다. 하지만 실제로는 그렇지 않다. 자전에 의해 바람이 휘어지게 되고, 지축이 23.5° 기울어짐에 따라 계절마다 불어오는 바람의 방향이 바뀌게 된다. 또한, 육지와 바다의 분포는 바람의 방향을 변화시킨다.

34 우주 속에서 별들은 어느 쪽으로 돌고 있을까?

정답

1 시계 반대 방향
우주의 은하계가 도는 방향이 시계 반대 방향이기 때문이다.

2 일그러진 원(타원)으로 돌고 있다.
떠돌이별들의 인력 때문이다.

3 대기의 기체 분자의 질량이 매우 작아 인력의 영향을 거의 받지 않기 때문이다.

해설

우리가 살고 있는 지구는 물론이고 우주의 모든 별들은 시계의 반대 방향, 즉 왼쪽으로 좌회전하고 있다. 그 이유는 저 먼 우주의 은하계가 도는 방향 역시 좌회전이기 때문이다. 우리가 사는 지구는 태양을 중심으로 동그랗게 돌지는 못하고 다소 일그러진 원을 이루며 돌고 있다. 이것은 떠돌이별들의 서로 끌어당기는 '인력' 때문이다. 지구의 대기가 지구 표면에 달라붙어 있지 않고 골고루 퍼져 있는 이유는 기체 분자의 질량이 매우 작기 때문이다. 산소 분자 1개의 질량은 5.3×10^{-23} g으로 아주 작다. 따라서 인력의 영향을 거의 받지 못하고 대기 속에 퍼져 있는 것이다.

35 감기에 잘 걸리는 가족이 사는 지역은?

정답

1 유찬이네 가족

2 해안 지방은 내륙 지방보다 수증기가 많아 낮에는 태양에너지를 저장해서 온도가 많이 올라가는 것을 막아주고, 밤에는 저장한 에너지를 방출해서 온도가 많이 내려가는 것을 막아준다. 따라서 해안 지방보다 내륙 지방의 일교차가 더 크다.

🔍 해설

공기 중에 수증기가 많으면 수증기가 태양에너지를 저장해서 온도가 많이 올라가는 것을 막아주고, 밤에는 저장했던 에너지를 내어놓기 때문에 온도가 많이 내려가는 것을 막아준다. 내륙 지방은 공기 중의 수증기가 적기 때문에 해안 지방에 비해서 일교차가 크다.

36 사막에서 검은색 옷을 입는 이유

정답

1 선풍기 바람이 피부의 수분을 빨리 증발시키기 때문이다.

2 더 빨리 녹는다.
선풍기 바람이 얼음보다 높은 온도의 공기이기 때문이다.

3 검은색 옷을 입으면 온도가 높아진 옷 안의 공기가 온도 차에 의해 대류 현상을 일으킨다. 이때 헐렁한 옷의 윗부분으로 공기가 빠져 나가면서 땀의 증발을 활발하게 하기 때문이다.

🔍 해설

1 선풍기 바람은 시원하게 느껴질 뿐 주변의 공기보다 낮은 것은 아니다. 그래도 선풍기 바람이 시원하게 느껴지는 이유는 선풍기 바람이 피부의 수분을 빨리 증발시키기 때문이다.

2 선풍기 바람은 얼음을 더 빨리 녹게 한다. 그 이유는 얼음 주위보다 온도가 높은 공기가 주입되기 때문이다. 선풍기 바람을 맞으며 아이스크림을 먹으면 아이스크림이 빨리 녹는 것도 같은 이유이다.

3 땀을 흘릴 때 바람이 불어주면 더욱 시원함을 느끼는 것과 같은 원리이다. 검은색 옷을 입으면 흰색 옷을 입었을 때보다 옷 안의 온도가 6° 가량 더 상승한다. 그렇게 온도가 높아진 옷 안의 공기는 온도 차에 의한 대류 현상으로 헐렁한 옷의 윗부분으로 빠져 나간다. 그리고 그보다 차가운 바깥의 공기가 옷 안으로 스며들어 오는 것이다. 이런 식의 공기 순환은 옷 내부와 외부 사이에서 물 흐르듯이 일어나기 때문에 몸 주위에 항상 바람이 부는 것과 같은 효과를 일으킨다. 그러면 땀의 증발이 활발하게 일어나 기화열로 인하여 시원해지는 것이다.

37 팔만대장경을 오래 보관한 장경각의 구조

정답

1

2 계곡 쪽에서 오는 바람은 습기가 많으므로 습기의 영향을 적게 받을 수 있기 때문이다.

3 산에서 내려오는 바람은 건조하므로 잘 들어오게 하여 습도를 낮춰 줄 수 있기 때문이다.

🔍 해설

낮에는 골바람이 불고, 밤에는 산풍이 분다. 낮에 불어오는 바람은 계곡에 의해 습기를 많이 가지고 있으므로 팔만대장경에 좋지 않은 영향을 준다. 밤에 불어오는 바람은 산꼭대기에서 불어오는 바람으로, 건조하여 장경각 내부의 습도를 낮춰 줄 수 있으므로 창문을 크게 만들어 바람이 많이 통과할 수 있게 해 준다.

38 태양에너지로 돌아가는 바람개비

정답

1 태양에너지를 많이 흡수하기 위해서이다.

2 알루미늄 캔이 태양에너지를 흡수하면 캔 안의 공기가 가열되고, 가열된 공기는 주변의 공기보다 가벼워져 위로 올라가 캔의 위쪽 구멍으로 빠져나온다. 빠져나간 공기만큼 캔의 아랫부분으로 공기가 들어가고, 들어온 공기는 가열되어 위로 올라간다. 이런 흐름으로 움직이는 공기에 바람개비가 부딪혀 바람개비는 돌아간다.

🔍 해설

물체의 색에 따라 흡수되는 태양에너지의 양은 다르다. 그중에서도 검은색은 다른 어떤 색보다도 태양복사에너지를 많이 흡수하고, 반대로 흰색은 다른 어떤 색보다도 태양복사에너지를 많이 반사하기 때문에 흡수하는 양은 가장 적다. 따라서 열을 잘 흡수하도록 알루미늄 깡통을 검은색으로 칠한다. 그렇다면 어떻게 알루미늄 포일 바람개비가 돌아가는 것일까? 태양에너지를 흡수한 깡통 안의 공기는 가열된다. 따라서 공기의 밀도가 작아지면서 주변의 공기보다 가벼워져 위로 떠오르게 된다. 상승한 공기는 깡통의 위쪽 구멍으로 빠져 나오게 된다. 다시 뚫려 있는 아랫부분으로 공기가 들어가 가열되고 위로 올라간다. 이런 공기의 흐름이 계속되어 바람개비가 돌아가는 것이다. 즉, 알루미늄 깡통에 흡수된 태양에너지가 바로 바람개비를 돌리는 바람에너지로 전환된 것이다.

39 이글루 안쪽 벽에 물을 뿌리는 이유

정답

1 바깥의 찬 공기가 들어오는 것을 막아주고 눈으로 만든 벽돌의 보온성이 커서 바깥보다 훨씬 따뜻하기 때문이다.

2 물이 얼음벽에 달라붙어 얼면서 열을 방출하기 때문이다.

3 · 눈이 오는 날은 날씨가 포근하게 느껴진다.
 · 겨울철 과일 창고 안에 물통을 놓아 과일이 어는 것을 방지한다.

해설

이글루(얼음집) 안은 바깥보다 훨씬 따뜻하다. 그래서 에스키모들은 이글루의 출입문이 되는 얼음 문을 꼭 닫고, 그 안에서 짐승 가죽이나 털을 깔고, 불을 피우며 고래 기름 따위로 등잔불도 켠다. 눈과 얼음으로 지은 이글루는 바깥의 찬 공기가 들어오는 것을 막아주는 역할을 한다. 또한, 눈의 결정은 삐쭉삐쭉한 모양의 가지를 많이 가지고 있기 때문에 가지 사이의 틈에 공기가 들어 있어 열이 이동하는 것을 막아준다. 따라서 보온성이 큰 눈으로 만든 벽 때문에 이글루 안은 바깥보다 훨씬 따뜻하다. 이글루 안을 더 따뜻하게 하는 방법은 이글루 안쪽 벽에 계속 물을 뿌리는 것이다. 뿌린 물은 얼음벽에 달라붙어 얼면서 열을 방출하기 때문이다.

40 우리나라 전통가옥에서 처마의 역할은?

정답

1 ㉣

2 여름에는 햇빛이 들어오는 것을 막고, 겨울에는 햇빛이 방안 깊숙이 들어오게 한다.

3 남향
 여름에는 시원하고 겨울에는 따뜻하기 때문이다.

해설

주택 및 건물의 건축 목적은 쾌적한 기온을 유지하여 인간이 생활하기에 적합하도록 하기 위한 것이다. 이런 점에서 보면 우리나라 전통가옥의 처마는 단순히 비나 눈을 막기 위한 것이 아니라 여름에는 햇빛이 들어오지 않도록 하고, 겨울에는 방 안 깊숙이 들어오게 하는 과학적인 방법이 이용된 것이다. 따라서 남향의 주거는 여름에는 시원하고, 겨울에는 따뜻하다는 것을 알 수 있다. 이와 같이 처마를 통해 기후에 적응하려는 우리 선조들의 지혜로움을 읽을 수 있다.

융합 정답 및 해설

41 소독약을 바르면 흰 거품이 생기는 이유

정답

1 과산화 수소가 분해되어 산소가 발생하기 때문이다.

2 감자와 상처가 난 부위에 있는 효소(카탈라아제)가 반응이 빠르게 일어나도록 촉매 역할을 했다.

해설

우리는 보통 상처가 난 곳에 소독약을 바르면 흰 거품이 일어나는 것을 보고 병균이 많아서 그렇다고 생각한다. 하지만 실제로 그 흰 거품은 병균과는 상관없다. 흰 거품의 정체는 산소이다. 과산화 수소는 물과 산소로 분해되는데, 그 반응 속도는 매우 느려 산소가 빨리 생기지 않는다. 여기에 촉매로 이산화 망가니즈나 아이오딘화 칼륨을 넣어주면 반응 속도가 매우 빨라진다. 그런데 피부에 소독약을 바를 때에도 이런 촉매 효과가 일어나서 반응이 촉진되는데, 그런 역할을 하는 것이 바로 우리 몸속에 있는 '카탈라아제'라는 효소이다. 이 효소 때문에 과산화 수소의 분해가 빨리 일어나게 되며, 그로 인해 산소 발생이 빨라져 흰 거품이 끓는 것처럼 보이는 것이다.

42 폭포에서 떨어지는 물이 하얗게 보이는 이유

정답

1 고인 물은 빛이 잘 투과하기 때문에 투명하게 보인다.

2 폭포에서 떨어지는 물은 작은 물방울로 쪼개어지고 공기가 많이 포함되어 공기와 물 사이의 수많은 둥근 표면에서 난반사가 일어나기 때문이다.

3 하얗게 보이는 부분에 기포가 남아 있어 둥근 표면에서 난반사가 일어나기 때문이다.

해설

고인 물은 투명하게 보이지만 폭포에서 떨어지는 물이 불투명하고 희게 보이는 이유는, 물이 떨어지면서 작은 물방울로 쪼개지고 공기가 많이 포함되어 공기와 물 사이의 수많은 둥근 표면에서 난반사가 일어나기 때문이다. 난반사란, 물체의 울퉁불퉁한 표면에 입사한 빛이 여러 방향으로 산란·반사해서 흩어지는 현상을 말한다. 또한, 얼음의 뿌연 부분은 기포가 남아 있기 때문이다.

특히 얼음의 아랫부분이 뿌옇게 되어 있는 것은 어는 과정에서 기체가 아래로 모여 얼음이 위에서부터 얼게 되기 때문이다. 온도에 따른 물의 밀도 변화는 조금 특이해서 0 ℃일 때보다 4 ℃일 때의 밀도가 크기 때문에 전체적으로 물의 온도가 4 ℃ 이하가 되면 제일 위층이 0 ℃, 제일 아래층이 4 ℃가 되고, 위에서부터 점차 얼음이 되어간다.

43 달리기 시합에서 이기는 방법

1 경수

2 영목

3 속력이 빠른 길은 많이 가고 느린 길은 적게 가는 경로가 시간이 짧게 걸린다.

해설

빛이 속도가 다른 두 매질 사이를 진행할 때 시간이 가장 적게 걸리는 길은 직선 길이 아니다. 빠른 길에서 많이 가고, 느린 길에서 적게 가는 굴절된 길이 가장 빠르게 도달할 수 있는 길이 된다. 이는 빛이 굴절하는 이유이다. 물론 두 매질에서의 상대적인 속도의 차이에 따라 굴절되는 정도는 다르다.

44 굵기가 일정하지 않은 막대기의 무게는?

1 40 cm

2 500 N

3 B에 500 N의 추를 달아야 한다.

해설

1 이 문제는 막대의 무게중심이 한쪽으로 쏠려있는 상태이다. A 부분을 들어올린 경우와 B 부분을 들어올린 경우는 다음 그림과 같이 무게중심에서의 수평의 원리를 만족한다.

따라서 $1 \times F_A = a \times W$, $1 \times F_B = b \times W$이고, $a + b = 1\,m$이다.
$a : b = (a \times W) : (b \times W) = F_A : F_B = 300 : 200$이므로 $b = 40\,cm$이다.

2 막대의 무게는 수평의 원리에 의해 다음을 만족한다.

$5 \times F_A = 3 \times W$, $5 \times F_B = 2 \times W$에서
$5 \times 300 = 3 \times W$
따라서 $W = 500\,N$이다.

3 막대기의 무게중심은 막대기의 길이의 중심에서 A쪽에 있으므로 B 부분의 위치에 추를 매달아야 수평을 이루게 할 수 있다.

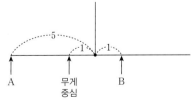

수평의 원리에 의해 $W \times 1 = F \times 1$이므로
$F = W = 500\,N$이다.
따라서 B 부분에 500 N의 추를 달아야 한다.

45 생수에서는 전기가 통하지 않는 이유

정답

1 회로 검사기와 같은 모양으로 꾸미고 물체 대신 컵에 담긴 생수에 두 전선을 담그면 된다.

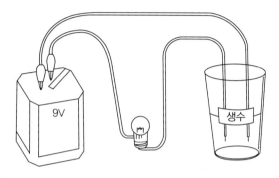

2 생수는 전기가 통하지 않지만 다른 물질이 녹아 있으면 전기가 통할 수도 있다.

해설

2 순수한 물인 생수는 전기를 통하게 하는 이온들이 거의 없어 전기가 통하지 않는다. 그러나 소금이 물에 녹으면 나트륨 이온과 염화 이온이 생기고, 이 이온들은 전기를 통하게 하므로 소금물에서는 전기가 통한다.

46 사람의 모습에 따라 달라지는 저울의 눈금

정답

1 그림 (나)처럼 헤엄을 쳐도 저울에는 그림 (가)와 같이 사람과 물 모두 무게가 측정되기 때문이다.

2 밧줄에 걸리는 몸의 무게만큼 무게가 가벼워진다.

3 물속에 담근 손가락의 부피에 해당하는 물의 무게만큼 무거워진다.

해설

그림 (가)와 같이 사람이 밧줄에서 손을 놓고 물통 바닥에 서면 몸무게만큼 저울 눈금에 더 더해져서 나타날 것이다. 그림 (나)처럼 헤엄을 치고 있다고 해도 역시 몸무게만큼 더 더해져서 나타날 것이다. 그림 (다)와 같이 밧줄에 매달리는 경우 몸무게는 전부 밧줄에 걸리는 것일까? 탕 안에 있으면 몸무게가 가볍게 느껴지는 것처럼 밧줄에 걸리는 무게는 줄어든다. 그 사람의 몸무게보다 훨씬 가벼워진다. 그럼 몸무게에서 밧줄에 걸린 힘을 뺀 차이는 어디서 받고 있는가? 바로 물이다. 물이 부력으로 이 사람을 위로 들어 올려주고 있다. 물이 사람에게 힘을 작용하면, 작용과 반작용의 법칙에 의해 사람 역시 물에 힘을 작용하게 된다. 이것이 저울의 눈금을 높이는 이유이다. 물 위에 떠 있는 나무에 작용하는 부력은 물이 나무에 작용하는 힘이고, 그 반작용은 나무가 물에 작용하는 힘이다. 작용과 반작용은 그 작용점이 서로의 물체에 존재하게 된다. 그리고 부력은 '아르키메데스의 원리'로 물속에 담근 손가락의 부피에 해당하는 물의 무게와 같다.

47 밝고 선명하게 보이는 도로 위의 표지판

정답

1 전조등의 불빛이 구슬에 비춰지면 몇 번의 굴절과 반사를 거듭하여 들어온 방향으로 그대로 반사되어 운전자에게 되돌아간다.

2 공기 중의 작은 물방울이 도로 위의 표지판에 박혀있는 구슬처럼 촘촘하지 않아서 태양빛을 많이 반사하지 않기 때문이다.

해설

1 표지판을 자세히 보면 보통의 비닐이나 종이와는 다른 형태의 필름이 부착되어 있다. 확대시켜 보면 놀랍게도 그 필름 안에는 구슬이 촘촘하게 박혀져 있다. 전조등의 불빛이 이 구슬에 비춰지면 몇 번의 굴절과 반사를 거듭하여 들어온 방향으로 그대로 반사된다. 따라서 이 빛은 운전자에게로 되돌아간다.

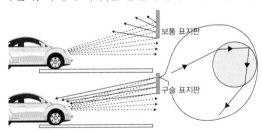

2 무지개는 공기 중의 작은 물방울이 프리즘처럼 햇빛을 굴절시켜 나타나는 현상이다. 빛의 색깔마다 굴절되는 정도가 달라서 햇빛은 빨간색부터 파란색까지 다채롭게 나눠지고, 보는 사람을 기준으로 동그랗게 색색 반원으로 나타난다. 공기 중에 떠 있는 작은 물방울은 물의 표면장력으로 인해 동그란 구 형태를 이루고, 이것은 도로 위의 표지판의 동그란 구슬과 같은 모양이다. 모양이 같으므로 무지개도 도로 위의 표지판처럼 태양빛을 밝게 반사하고, 도로 위의 표지판에도 무지개처럼 다채로운 스펙트럼이 생겨야 한다.

그런데 무지개를 만드는 물방울들은 도로 위의 표지판에 박혀있는 구슬처럼 촘촘하지 않다. 그래서 태양빛을 그렇게 많이 반사하지 않는다. 또한, 반사하더라도 태양빛이 비추는 방향으로 다시 되돌아갈 것이므로 지표면에 있는 우리는 무지개를 관찰할 수 없다.

48 창가에 있던 캐러멜이 변형된 이유

정답

1 캐러멜이 따뜻하게 데워져 연해진 다음 중력에 의해 모습이 변형된 것이라 볼 수 있다.

2 원자로 안에서의 반응은 연소와 같은 화학반응은 아니지만 열이 발생하므로 연료라는 말을 사용하게 된 것이다. 그러므로 산소를 이용하는 연소와 관계가 없다.

3 양잿물은 옷에 있는 기름과 반응을 하면 비누가 되어 기름때를 벗겨낼 수 있다.

해설

1 단단한 고체가 유동성이 있는 액체가 되는 것을 녹는다고 한다. 이것은 열에 의한 것으로, 얼음이 물로 되는 것이 전형적인 예이다. 이때 녹는 온도는 정해져 있다. 융해점이라 하여 얼음의 경우에는 1기압 아래서 0 ℃이다. 온도 눈금의 기준이 되는 점이다. 그럼 캐러멜이 연하게 될 때의 온도는 몇 도일까? 입 안에 넣고 있어도 서서히 부드러워지므로, 온도는 알 수 없다. 이와 같은 경우 고체가 녹아 액체가 되었다기보다는 데워져서 끈끈함이 줄었다고 하는 편이 적당할 것이다. 콧물도 극한(아주 추운 지방)의 땅에서는 끈기가 많아 코에서 바로 떨어지지 않는다. 즉, 어떤 액체든 온도가 내려가면 점성이 늘어난다. 단단해서 고체라 생각되는 캐러멜도 실은 아주 점성이 많아진 액체의 상태라고 할 수 있을 것이다. 때문에 데워지면 서서히 연해진다. 단단해서 고체의 대표라 할 수 있는 유리도 실은 캐러멜과 마찬가지로 점성이 대단히 많은 액체라 할 수 있다. 따라서 가열하면 서서히 연해지지만 융해점은 없다. 습기를 빨아들여 녹는 것을 조해라 한다. 장마철에 소금은 습기를 받아들여 결국 녹아버린다. 설탕도 마찬가지다. 그러나 창가의 따뜻한 곳에는 습기가 별로 없을 것이다. 따라서 캐러멜은 따뜻하게 데워져 연해진 다음 중력에 의해 모습이 변형된 것이라 보는 것이 적당할 것이다.

2 보통 '탄다'는 것은 물질과 산소가 격렬하게 화합하는 것이다. 이 경우에는 산소 원자의 원자핵에는 변화가 일어나지 않고 원자핵 주위의 전자의 반응만 일어난다. 그러나 원자로 안에서의 반응은 연료라 불리는 우라늄의 원자핵이 분열해서 다른 종류의 원자핵으로 되는 것으로, 열이 발생한다는 점은 같으나 내용은 전혀 다르다.

3 양잿물은 수산화칼륨의 속칭으로 대기 중의 습기를 흡수하여 용해되는 백색 고체이며 물에 녹아서 강알칼리성이 되는 물질이다. 미역 같은 바다풀을 말려서 태운 다음 그 가루를 물에 녹여 사용한 것으로 염기성이 강해서 피부를 상하게 하거나 혹은 목숨을 잃게 할 수도 있다. 비누는 양잿물과 기름을 섞어 반응시킨 것으로 물, 기름 양쪽과 다 친해 기름때를 벗겨낼 수 있다. 그러나 양잿물만으로는 때를 뺄 수 없다. 기름과 반응해서 비누가 되어야만 세탁이 가능하다. 양잿물을 옷에 묻혔을 때 그 옷에 있는 기름과 반응을 하면 비누가 되어 때가 빠지는 것이다.

49 바닷물에서 순수한 물을 얻는 방법

1 ㉠ > ㉡ > ㉢

2 바닷물에 삼투압보다 더 큰 압력을 가하면 바닷물 속의 순수한 물이 반투막을 통과하여 순수한 물 쪽으로 흘러나온다.

해설

오랫동안 바다에 머무르는 큰 배는 식수를 어떻게 구할까? 모든 선원들이 마실 그 많은 물을 배에 싣고 다닐까? 그렇지는 않을 것이다. 짠 바닷물을 식수로 사용하기 위해서는 염분과 그 밖의 물질을 제거하고 순수한 물을 얻어야만 한다. 최근에는 바닷물로부터 순수한 물을 얻을 때 역삼투의 원리를 이용하고 있다. 바닷물과 순수한 물 사이의 삼투압은 24.8기압이다. 반투막을 사이에 두고 바닷물 쪽에서 기계적으로 24.8기압보다 큰 압력을 가하면 바닷물 속의 순수한 물이 반투막을 통과하여 순수한 물 쪽으로 흘러나오게 된다. 요즘에는 압력을 100기압까지 높여서 다량의 순수한 물을 얻고 있다.

50 물의 부력을 이용한 수평 잡기

1 접시 B: 40개, 접시 C: 30개

2 8M

해설

1 접시 A와 B에 담긴 구슬의 개수를 각각 A, B라 하면 접시 A와 B에서 수평잡기의 원리에 의해
$20 \times M \times 2 = B \times M \times 1$이므로 B=40이다.
즉, 접시 B에 담긴 구슬은 40개이다.
또, 접시 C에 담긴 구슬의 개수를 C라 할 때 왼쪽이 평형을 이루므로 같은 방법으로
$60 \times M \times 1 = C \times M \times 2$에서 C=30이다.
즉, 접시 C에 담긴 구슬은 30개이다.

2 접시 B가 받은 물의 부력과 접시 A에서 빼낸 구슬 4개의 무게가 수평을 이룬 것과 같다. 따라서 접시 B가 받은 물의 부력을 F라고 하면 수평잡기의 원리에 의해 $4 \times M \times 2 = F \times 1$이므로 F=8M이다.

1

모범답안

54마리

🔍 해설

3년 전 토끼의 수를 □라 하면 3년 전 늑대의 수는
100−□이다.
2년 전 토끼의 수는 □×2−(100−□)=□×3−100,
2년 전 늑대의 수는 □−(100−□)=□×2−100이다.
1년 전 토끼의 수는
(□×3−100)×2−(□×2−100)=□×4−100,
1년 전 늑대의 수는
□×3−100−(□×2−100)=□이다.
현재 토끼의 수는 (□×4−100)×2−□=□×7−200,
현재 늑대의 수는 □×4−100−□=□×3−100이다.
현재 토끼의 수와 늑대의 수의 합은 240마리이므로
□×7−200+□×3−100=240,
□×10=540, □=54
따라서 3년 전 토끼는 54마리이다.

[단위: 마리]

	토끼의 수	늑대의 수	합계
3년 전	54	46	100
2년 전	62	8	
1년 전	116	54	
현재	178	62	240

2

예시답안

• 외부의 물이 저장고로 들어오지 못하게 방수처리 한다.
• 씨앗을 산소와 수분을 제거하고 봉투에 밀봉하여 보관한다.
• 씨앗의 발아를 막기 위해 저장고의 온도를 영하 18 ℃로 유지한다.
• 화산이나 지진 등 자연재해를 견딜 수 있는 저장고로 만들어야 한다.
• 저장고의 전기가 공급되지 않더라도 저온 상태를 유지할 수 있는 곳에 설치해야 한다.

🔍 해설

산소와 물기를 제거한 종자는 밀봉된 봉투에 포장되어 길이 27 m, 너비 10 m의 저장고 세 곳에 보관되는데, 저장고의 온도는 영하 18 ℃로 유지해 종자의 발아를 막고 신진대사를 최대한 늦춘다. 만일 저장고의 전기가 끊기거나 발전 시설에 고장이 나더라도 영구동토층에 위치해 있어서 영하 3.5 ℃의 저온 상태를 유지할 수 있다. 또한, 지구 온난화로 해수면이 상승해 저장고가 침수되는 일을 막기 위해 해발 130 m, 암반층 내부의 120 m 지점에 저장고를 만들었다. 리히터 규모 6.2의 강진 등 외부에서 가해지는 어떠한 충격에도 버틸 수 있도록 내진설계가 되었는데, 만약 이 설계가 제 역할을 하지 못하게 되더라도 천연의 암반층이 최후의 보루로 저장고를 지켜줄 거라 한다. 2010년까지 세계 각지에서 수집하거나 각국의 정부, 단체, 개인 등이 기탁한 종자는 약 50만 종이었으며 2020년 2월에는 세계 각국에서 맡긴 종자 100만 종이 보관되어 있다. 각 품종당 평균 5백 개의 씨앗을 보관하며, 발아율을 유지하기 위해 20년마다 종자를 새 것으로 교체한다. 저장고 내부의 공기는 겨울마다 두 차례씩 갈아줘야 하는데, 핵전쟁과 같은 재난으로 저장고를 밀폐해야만 하는 경우에는 영구동토층이 그 역할을 맡게 된다. 우리나라도 세계식량농업기구(FAO)와 종자기탁협정서를 체결해 아시아 최초로 한국산 벼, 보리, 콩, 땅콩, 기장, 옥수수 등 국내 씨앗 5천여 종을 맡겼으며, 현재 총 만오천여 종의 종자가 보관되어 있다.

3

모범답안

(1) 다음과 같이 표를 만든 후 3의 배수와 5의 배수는 회색으로 칠한다. 각 세로줄에서 회색으로 칠해진 수의 아래에 있는 수는 파란색으로 칠하고, 이 수들은 5를 계속 더하여 만들 수 있다. 이때 회색이나 파란색으로 칠해진 수는 과녁에 활을 쏠 때 나올 수 있는 점수이다. 따라서 1점부터 50점까지의 점수 중 나올 수 없는 점수는 1점, 2점, 4점, 7점이다.

1	2	3	4	5
6	7	8	9	10
11	12	13	14	15
16	17	18	19	20
⋮	⋮	⋮	⋮	⋮

→

1	2	3	4	5
6	7	8	9	10
11	12	13	14	15
16	17	18	19	20
⋮	⋮	⋮	⋮	⋮

→

1	2	3	4	5
6	7	8	9	10
11	12	13	14	15
16	17	18	19	20
⋮	⋮	⋮	⋮	⋮

(2) 다음과 같이 표를 만든 후 4의 배수와 7의 배수는 회색으로 칠한다. 각 세로줄에서 회색으로 칠해진 수의 아래에 있는 수는 파란색으로 칠하고, 이 수들은 7을 계속 더하여 만들 수 있다. 이때 회색이나 파란색으로 칠해진 수는 과녁에 활을 쏠 때 나올 수 있는 점수이다. 따라서 1점부터 150점까지의 점수 중 나올 수 없는 가장 큰 점수는 17점이다.

1	2	3	4	5	6	7
8	9	10	11	12	13	14
15	16	17	18	19	20	21
22	23	24	25	26	27	28
⋮	⋮	⋮	⋮	⋮	⋮	⋮

↓

1	2	3	4	5	6	7
8	9	10	11	12	13	14
15	16	17	18	19	20	21
22	23	24	25	26	27	28
⋮	⋮	⋮	⋮	⋮	⋮	⋮

(3) 다음과 같이 표를 만든 후 2의 배수, 5의 배수, 8의 배수는 회색으로 칠한다. 각 세로줄에서 회색으로 칠해진 수의 아래에 있는 수는 파란색으로 칠하고, 이 수들은 8을 계속 더하여 만들 수 있다. 이때 색칠하지 않은 수 중에서 각 세로줄마다 2와 5, 2와 8, 5와 8의 합으로 만들 수 있는 가장 작은 수를 진한 파란색으로 칠한다. 진한 파란색으로 칠해진 수의 아래에 있는 수는 파란색으로 칠하고, 이 수들은 8을 더하여 만들 수 있다. 따라서 1점부터 100점까지의 점수 중 나올 수 없는 점수는 1점, 3점으로 모두 2개이다.

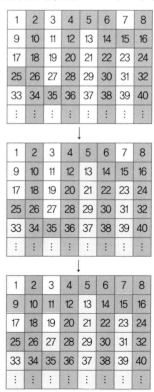

기출문제 정답 및 해설 31

1	2	3	4	5	6	7	8
9	10	11	12	13	14	15	16
17	18	19	20	21	22	23	24
25	26	27	28	29	30	31	32
33	34	35	36	37	38	39	40
⋮	⋮	⋮	⋮	⋮	⋮	⋮	⋮

🔍 해설

1 이외의 공약수를 가지지 않는 자연수를 여러 번 더할 때 만들 수 없는 가장 큰 수를 구하는 문제를 프로베니우스 문제 또는 동전 문제라 하며, 만들 수 없는 가장 큰 수를 프로베니우스의 수라 한다. 이것은 독일의 수학자 페리드난트 게오르그 프로베니우스의 이름을 딴 것이다. 1 이외의 공약수를 가지지 않는 두 수 □와 ○가 있을 때 프로베니우스의 수는 (□−1)×(○−1)−1로 구할 수 있다. 1 이외의 공약수를 가지지 않는 수가 3개 이상일 때 프로베니우스의 수를 구하는 공식은 아직 알려지지 않았다.

4

모범답안

(1) 64마리

(2) 7168마리

🔍 해설

(1) 시간당 새로 생겨난 생명체 X의 수는 다음 표와 같다.

시각	생명체 X의 수
오전 9시	1마리
오전 10시	2마리
오전 11시	4마리
오후 12시	8마리
오후 1시	16마리
오후 2시	32마리
오후 3시	64마리

따라서 오후 3시에 새로 생겨난 생명체 X는 64마리이다.

(2) 생명체 X의 생존 시간은 2시간 30분이므로 3시간 전인 오후 6시까지 만들어진 생명체 X는 모두 죽고 없다. 오후 9시에 생존해 있는 생명체 X의 수는 오후 9시에 새로 생겨난 생명체 X와 오후 8시와 오후 7시에 생겨난 생명체 X이다.

7시에 생겨난 생명체 X의 수는

$1×2×2×2×2×2×2×2×2×2×2=1024$ (마리)

8시에 생겨난 생명체 X의 수는

$1024×2=2048$ (마리)

9시에 생겨난 생명체 X의 수는

$2048×2=4096$ (마리)

따라서 오후 9시에 생존해 있는 생명체 X의 수는

$1024+2048+4096=7168$ (마리)이다.

5

①번 방향	②번 방향

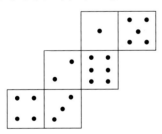

해설

3층 주사위 눈의 수가 1인 반대쪽 면에 올 수 있는 눈의 수는 3 또는 4이다. 그런데 2층 주사위 옆면에 눈의 수가 4인 면이 있으므로 3층 주사위와 2층 주사위가 만나는 면에 적힌 눈의 수의 합이 8이 되려면 눈의 수가 1인 반대쪽 면 눈의 수는 3이고, 2층 주사위 윗면 눈의 수는 5이다. 따라서 주어진 주사위 모양으로 주사위 눈의 수를 전개도에 나타내면 다음과 같다.

2층 주사위 아랫면의 눈의 수가 2이므로 1층 주사위 윗면의 눈의 수는 6이다.

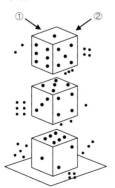

6

결과 사람	승	무	패
A	3	1	0
B	2	2	0
C	2	1	1
D	1	0	3
E	0	0	4

또는

결과 사람	승	무	패
A	3	1	0
B	2	2	0
C	1	2	1
D	1	1	2
E	0	0	4

해설

B는 나는 한 판도 안 졌다고 했으므로 패는 없고, 승과 무만 있다.

E는 나만 다 졌다고 했으므로 E는 4패로 0점이다.

A가 B보다 점수가 높으려면 A와 B는 무승부이고 A는 나머지 경기가 모두 승이어야 한다.

가능한 경우는 다음과 같은 2가지 경우이다.

상대팀 팀	A	B	C	D	E
A		무	승	승	승
B	무		무	승	승
C	패	무		승	승
D	패	패	패		승
E	패	패	패	패	

↓

사람＼결과	승	무	패	점수
A	3	1	0	7
B	2	2	0	6
C	2	1	1	5
D	1	0	3	2
E	0	0	4	0

팀＼상대팀	A	B	C	D	E
A		무	승	승	승
B	무		무	승	승
C	패	무		무	승
D	패	패	무		승
E	패	패	패	패	

↓

사람＼결과	승	무	패	점수
A	3	1	0	7
B	2	2	0	6
C	1	2	1	4
D	1	1	2	3
E	0	0	4	0

7

모범답안

(1) 2201년 4월 43일
(2) 2202년 3월 30일

🔍 **해설**

(1) 지구에서는 1년이 365일이고, 1달이 30~31일이고, 2월이 28일이다. 화성에서는 1년이 687일이고, 1달이 57~58일이면, 2월은 53일이다.
212일을 화성의 날짜로 표현하면
1월 58일, 2월 53일, 3월 58일, 4월 57일이고
212−58−53−58＝43이므로 화성에 도착한 날짜는 2201년 4월 43일이다.

(2) 212일＋30일＋212일＝454일이므로 1년(365일)이 지나고 454일−365일＝89일이 더 지났다.
89일은 1월 31일, 2월 28일, 3월 31일이고,
89−31−28＝30이므로 지구에 도착한 날짜는 2202년 3월 30일이다.

8

모범답안

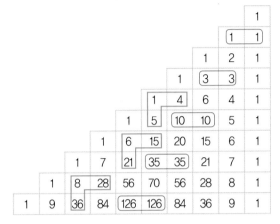

① 오른쪽 첫 번째 세로줄은 1이 반복된다.

② 오른쪽 두 번째 세로 줄은 1, 2, 3, 4, …로 1씩 커지는 규칙이다.

③ 왼쪽 첫 번째 대각선(╱)은 1이 반복된다.

④ 왼쪽 두 번째 대각선(╱)은 1, 2, 3, 4, …로 1씩 커지는 규칙이다.

⑤ 짝수 번째 줄 가운데 같은 두 수(▭)가 반복된다.

⑥ 1+4=5, 6+15=21, 8+28=36과 같이 ⌐모양에서 윗줄 두 수의 합은 아랫줄의 수와 같다.

⑦ 각 가로줄의 합이 1, 1+1=2, 1+2+1=4, 1+3+3+1=8, 1+4+6+4+1=16, …으로 2의 거듭제곱의 꼴이다.

9

모범답안

(1) 11번

(2)

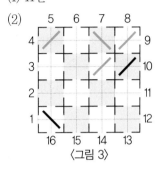

〈그림 3〉

🔍 해설

홀수 번째로 통과하는 방은 가림판의 모양이 바뀌고, 짝수 번째로 통과하는 방은 가림판의 모양이 그대로이다.

(1)

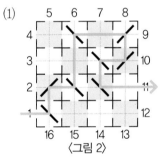

〈그림 2〉

(2)

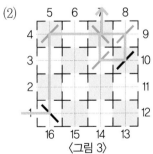

〈그림 3〉

10

모범답안

(1) B: 토끼풀, C: 토끼, D: 늑대

(2) C가 갑자기 감소하면 C를 먹는 D도 감소하지만 C가 먹는 B는 증가할 것이다. 그러면 먹이가 늘어난 C는 다시 증가할 것이고, C가 증가하면 D도 증가할 것이다.

(3) 과정 ⑤: 접시의 내부 온도를 각각 10 ℃, 15 ℃, 20 ℃, 25 ℃, 30 ℃로 맞춘다.

🔍 해설

(1) B는 핵이 있고 세포벽이 있으며 증산 작용을 하므로 식물인 토끼풀이다. C는 핵이 있고 세포벽이 없으므로 동물이고, 천적이 있으므로 1차 소비자인 토끼이다. D는 핵이 있고 세포벽이 없으므로 동물이며, 송곳니가 발달하고 천적이 없으므로 최종 소비자인 늑대이다. A는 핵이 없는 대장균이다.

(2) 1차 소비자가 감소하면, 1차 소비자를 먹는 2차 소비자도 감소하지만 생산자는 증가한다. 시간이 지나면 생산자가 많아지므로 1차 소비자가 다시 증가하고, 1차 소비자가 증가하면 2차 소비자도 증가한다.

(3) 가설을 통해 차가운 곳과 따뜻한 곳에서 A의 수가 어떻게 변하는지 알아보는 실험인 것을 알 수 있다. 따라서 온도를 다르게 하여 실험한다.

11

예시답안

1. 기준 (가) 금속인 원소 /
   기준 (나) 밀도가 1 g/m^3 이하인 원소

2. 기준 (가) 전기음성도가 1 이하인 원소 /
   기준 (나) 밀도가 1 g/m^3 이하인 원소

3. 기준 (가) 반지름이 100 pm 이상인 원소 /
   기준 (나) 밀도가 1 g/m^3 이하인 원소

12

(1) 산불이 나면 자이언트 세쿼이아 나무 주변의 다른 나무가 제거되어 빛이 잘 들어온다. 또한, 물이나 양분을 얻기 위해 다른 식물들과 경쟁하지 않아도 되기 때문에 잘 자랄 수 있다.

(2) 나무껍질이 두껍고 수분을 많이 머금고 있어 발화점 이상으로 높아지기 힘들기 때문이다.

(3) 솔방울의 수분이 모두 증발하면 솔방울 조각이 수축하여 사이가 벌어져 씨앗이 나온다.

🔍 해설

자이언트 세쿼이아 나무는 직사광선이 비치는 곳에서 잘 자라며 그늘에서는 잘 자라지 못한다. 씨앗이 발아하고 묘목이 자라려면 직사광선을 잘 받아야 하는데 주변에 식물이 있으면 묘목이 잘 자라지 못하기 때문이다. 자이언트 세쿼이아 나무는 몇십 미터 공중에서 처음 나뭇가지가 뻗고 잎이 나온다. 산불이 발생하더라도 아랫부분은 나무껍질이 두껍고 수분을 많이 머금고 있어 발화점 이상으로 높아지기 힘들어 잘 타지 않고, 불이 나뭇가지와 잎이 있는 높이까지 도달하기 어려우므로 산불이 발생하더라도 완전히 타지 않고 살아남는다. 불이 나지 않으면 솔방울이 터지지 않고 나무에 달린 상태로 200년을 버티기도 한다. 솔방울은 여러 개의 솔방울 조각(실편)이 모여 이루어져 있는데, 비가 오면 씨앗을 보호하기 위해 오므라들고 맑은 날에는 씨앗을 퍼트리기 위해 활짝 열린다.

13

- 바닷물에서 소금을 빼면 담수가 플러스다.
- 비만인 사람이 살을 빼면 건강이 플러스다.
- 아파트에서 층간 소음을 빼면 행복함이 플러스다.
- 제품에서 과대 포장을 빼면 지구 환경에 플러스다.
- 음식을 포장할 때 공기를 빼면 신선함이 플러스다.
- 생활 속 플라스틱 사용을 빼면 지구 환경에 플러스다.
- 디젤 차량에서 요소수를 빼면 산성비 피해는 플러스다.
- 소 방귀에서 메테인 가스를 빼면 지구 환경에 플러스다.
- 콘센트에서 쓰지 않는 플러그를 빼면 전기 절약이 플러스다.

14

- 방수되는 스마트폰
- 비를 튕겨내어 젖지 않는 우산
- 음식이 눌어붙지 않는 프라이팬
- 액체와 먼지가 묻지 않는 코팅을 한 유리
- 김치 국물이나 음료 등을 쏟아도 묻지 않은 옷
- 액체와 먼지가 묻지 않는 페인트로 세차를 하지 않아도 깨끗한 차

시대에듀와 함께 꿈을 키워요!
www.sdedu.co.kr

안쌤의 STEAM+창의사고력 과학 100제 초등 6학년

초판2쇄 발행	2025년 01월 10일 (인쇄 2024년 10월 02일)
초 판 발 행	2023년 09월 05일 (인쇄 2023년 06월 22일)
발 행 인	박영일
책 임 편 집	이해욱
편 저	안쌤 영재교육연구소
편 집 진 행	이미림
표 지 디 자 인	박수영
편 집 디 자 인	채현주 · 윤아영
발 행 처	(주)시대에듀
출 판 등 록	제 10-1521호
주 소	서울시 마포구 큰우물로 75 [도화동 538 성지 B/D] 9F
전 화	1600-3600
팩 스	02-701-8823
홈 페 이 지	www.sdedu.co.kr
I S B N	979-11-383-4896-6 (64400)
	979-11-383-4894-2 (64400) (세트)
정 가	17,000원

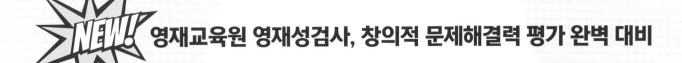

영재교육원 영재성검사, 창의적 문제해결력 평가 완벽 대비

안쌤의
STEAM + 창의사고력
과학 100제 시리즈

과학사고력, 창의사고력, 융합사고력 향상
영재성검사 창의적 문제해결력 평가 기출문제 및 풀이 수록

안쌤의
STEAM
+창의사고력
과학 100제

초등 6학년

시대에듀

발행일 2025년 1월 10일 | **발행인** 박영일 | **책임편집** 이해욱 | **편저** 안쌤 영재교육연구소
발행처 (주)시대에듀 | **등록번호** 제10-1521호 | **대표전화** 1600-3600 | **팩스** (02)701-8823
주소 서울시 마포구 큰우물로 75 [도화동 538 성지B/D] 9F | **학습문의** www.sdedu.co.kr

⚠ 주 의
· 종이에 베이거나 긁히지 않도록 조심하세요.
· 책 모서리가 날카로우니 던지거나 떨어뜨리지 마세요.

KC마크는 이 제품이 '어린이제품 안전 특별법' 기준에 적합하였음을 의미합니다.

코딩·SW·AI 이해에 꼭 필요한
초등 코딩 사고력 수학 시리즈

- 초등 SW 교육과정 완벽 반영
- 수학을 기반으로 한 SW 융합 학습서
- 초등 컴퓨팅 사고력 + 수학 사고력 동시 향상
- 초등 1~6학년, SW영재교육원 대비

③

④

안쌤의 수·과학 융합 특강

- 초등 교과와 연계된 24가지 주제 수록
- 수학 사고력 + 과학 탐구력 + 융합 사고력 동시 향상

※도서의 이미지와 구성은 변경될 수 있습니다.

안쌤의 신박한 과학 탐구보고서 시리즈

⑤
- 모든 실험 영상 QR 수록
- 한 가지 주제에 대한 다양한 탐구보고서

영재성검사 창의적 문제해결력
모의고사 시리즈

⑥
- 영재교육원 기출문제
- 영재성검사 모의고사 4회분
- 초등 3~6학년, 중등

시대에듀만의 영재교육원 면접
SOLUTION

영재교육원 AI 면접 온라인 프로그램 무료 체험 쿠폰

도서를 구매한 분들께 드리는
특별한 혜택

쿠폰 번호
AJJ – 44178 – 16287
유효기간 : ~2025년 6월 30일

01 도서의 쿠폰번호를 확인합니다.

02 WIN시대로[https://www.winsidaero.com]에 접속합니다.

03 홈페이지 오른쪽 상단 영재교육원 **AI 면접 배너**를 클릭합니다.

04 회원가입 후 로그인하여 [**쿠폰 등록**]을 클릭합니다.

05 쿠폰번호를 정확히 입력합니다.

06 쿠폰 등록을 완료한 후, [**주문 내역**]에서 이용권을 사용하여 면접을 실시합니다.

※ 무료쿠폰으로 응시한 면접에는 별도의 리포트가 제공되지 않습니다.

영재교육원 AI 면접 온라인 프로그램

01 WIN시대로[https://www.winsidaero.com]에 접속합니다.

02 홈페이지 오른쪽 상단 영재교육원 **AI 면접 배너**를 클릭합니다.

03 회원가입 후 로그인하여 [**상품 목록**]을 클릭합니다.

04 학습자에게 꼭 맞는 다양한 상품을 확인할 수 있습니다.

언제든지 자유롭게!

💬 KakaoTalk **안쌤 영재교육연구소**

안쌤 영재교육연구소에서 준비한 더 많은 면접 대비 상품
(동영상 강의 & 1:1 면접 온라인 컨설팅)을 만나고 싶다면
안쌤 영재교육연구소 카카오톡에 상담해 보세요.